과학공화국 생물법정

10
미생물과 생명과학

과학공화국 생물법정 10

미생물과 생명과학

ⓒ 정완상, 2008

초판 1쇄 발행일 | 2008년 3월 31일
초판 17쇄 발행일 | 2022년 10월 17일

지은이 | 정완상
펴낸이 | 정은영
펴낸곳 | (주)자음과모음

출판등록 | 2001년 11월 28일 제2001-000259호
주소 | 10881 경기도 파주시 회동길 325-20
전화 | 편집부 (02)324-2347 경영지원부 (02)325-6047
팩스 | 편집부 (02)324-2348 경영지원부 (02)2648-1311
이메일 | jamoteen@jamobook.com

ISBN 978-89-544-1474-6 (04470)

과학공화국 생물법정

생물법정

10
미생물과 생명과학

정완상(국립 경상대학교 교수) 지음

|주|자음과모음

생활 속에서 배우는 기상천외한 과학 수업

처음 법정 원고를 들고 출판사를 찾았던 때가 새삼스럽게 생각납니다. 당초 이렇게까지 장편 시리즈로 될 거라고는 상상도 못하고 단 한 권만이라도 생활 속의 과학 이야기를 재미있게 담은 책을 낼 수 있었으면 하는 마음이었습니다. 그런 소박한 마음에서 출발한 '과학공화국 법정 시리즈'는 과목별 총 10편까지 50권이라는 방대한 분량으로 출간하게 되었습니다.

과학공화국! 물론 제가 만든 단어이긴 하지만 과학을 전공하고 과학을 사랑하는 한 사람으로서 너무나 멋진 이름입니다. 그리고 저는 이 공화국에서 벌어지는 황당한 사건들을 과학의 여러 분야와 연결시키려는 노력을 했습니다.

매번 에피소드를 만들어 내느라 머리에 쥐가 날 때도 한두 번이 아니었고 워낙 출판 일정이 빡빡하게 진행되는 관계로 이 시리즈를 집필하면서 솔직히 너무 힘들어, 적당한 권수에서 원고를 마칠까 하는 마음도 굴뚝같았습니다. 하지만 출판사에서는 이왕 시작한 시리즈이므로 각 과목마다 10편까지 총 50권으로 완성을 하자고 했고 저는 그 제안을 수락하게 되었습니다.

하지만 보람은 있었습니다. 교과서 과학의 내용을 생활 속의 에피소드에 녹여 저 나름대로 재판을 하는 과정은 마치 제가 과학의 신이 된 듯 뿌듯하기도 했고, 상상의 나라인 과학공화국에서 즐거운 상상들을 맘껏 펼칠 수 있어서 좋았습니다.

과학공화국 시리즈 덕분에 저는 수많은 초등학생과 학부모님들을 만나서 이야기를 나누었습니다. 그리고 그들이 저의 책을 재밌게 읽어 주고 과학을 점점 좋아하게 되는 모습을 지켜보며 좀 더좋은 원고를 쓰고자 더욱 노력했습니다.

이 책을 내도록 용기와 격려를 아끼지 않은 (주)자음과모음의 강병철 사장님과 빡빡한 일정에도 불구하고 좋은 시리즈를 만들기위해 함께 노력해 준 자음과모음의 모든 식구들, 그리고 진주에서작업을 도와준 과학 창작 동아리 'SCICOM'의 식구들에게 감사를드립니다.

진주에서

정완상

목차

판사

생치변호사

비오변호사

생물법정의 탄생

태양계의 세 번째 행성인 지구에 과학공화국이라고 부르는 나라가 있었다. 이 나라는 과학을 좋아하는 사람이 모여 살았고 인근에는 음악을 사랑하는 사람들이 살고 있는 뮤지오 왕국과 미술을 사랑하는 사람들이 사는 아티오 왕국, 그리고 공업을 장려하는 공업공화국 등 여러 나라가 있었다.

과학공화국은 다른 나라 사람들에 비해 과학을 좋아했지만 과학의 범위가 넓어 어떤 사람은 물리를 좋아하는 반면 또 어떤 사람은 생물을 좋아하기도 했다.

특히 다른 모든 과학 중에서 주위의 동물과 식물을 관찰할 수 있는 생물의 경우 과학공화국의 명성에 맞지 않게 국민들의 수준이 그리 높은 편이 아니었다. 그리하여 농업공화국의 아이들과 과학공화국의 아이들이 생물 시험을 치르면 오히려 농업공화국 아이들의 점수가 더 높을 정도였다.

특히 최근 인터넷이 공화국 전체에 퍼지면서 게임에 중독된 과학공화국 아이들의 생물 실력은 평균 이하로 떨어졌다. 그것은 직접 동식물을 기르지 않고 인터넷을 통해 동식물의 모습만 보기 때문이었다. 그러다 보니 생물 과외나 학원이 성행하게 되었고 그런 와중에 아이들에게 엉터리 내용을 가르치는 무자격 교사들도 우후죽순 나타나기 시작했다.

생물은 일상생활의 여러 문제에서 만나게 되는데 과학공화국 국민들의 생물에 대한 이해가 떨어지면서 곳곳에서 분쟁이 끊이지 않았다. 그리하여 과학공화국의 박과학 대통령은 장관들과 이 문제를 논의하기 위해 회의를 열었다.

"최근의 생물 분쟁을 어떻게 처리하면 좋겠소?"

대통령이 힘없이 말을 꺼냈다.

"헌법에 생물 부분을 좀 추가하면 어떨까요?"

법무부 장관이 자신 있게 말했다.

"좀 약하지 않을까?"

대통령이 못마땅한 듯이 대답했다.

"그럼 생물학으로 판결을 내리는 새로운 법정을 만들면 어떨까요?"

생물부 장관이 말했다.

"바로 그거야! 과학공화국답게 그런 법정이 있어야지. 그래, 생물법정을 만들면 되는 거야. 그리고 그 법정에서의 판례들을 신문에 게재하면 사람들이 더 이상 다투지 않고 자신의 잘못을 인정할 거야."

대통령은 미소를 환하게 지으면서 흡족해했다.

"그럼 국회에서 새로운 생물법을 만들어야 하지 않습니까?"

법무부 장관이 약간 불만족스러운 듯한 표정으로 말했다.

"생물은 우리가 직접 일상 곳곳에서 관찰할 수 있습니다. 누가 관찰하든 같은 구조를 보게 되는 것이 생물이죠. 그러므로 생물법 정에서는 새로운 법을 만들 필요가 없습니다. 혹시 새로운 생물 이론이 나온다면 모를까······."

생물부 장관이 법무부 장관의 말을 반박했다.

"그래, 나도 생물을 좋아하지만 생물의 구조는 참 신비해."

대통령은 생물법정을 벌써 확정 짓는 것 같았다. 이렇게 해서 과학공화국에는 생물학적으로 판결하는 생물법정이 만들어지게 되었다.

초대 생물법정의 판사는 생물에 대한 책을 많이 쓴 생물짱 박사가 맡게 되었다. 그리고 두 명의 변호사를 선발했는데 한 사람은 생물학과를 졸업했지만 생물에 대해 그리 깊게 알지 못하는 생치라는 이름을 가진 40대였고, 다른 한 변호사는 어릴 때부터 생물박사 소리를 듣던 생물학 천재인 비오였다.

이렇게 해서 과학공화국의 사람들 사이에서 벌어지는 생물과 관련된 많은 사건들이 생물법정의 판결을 통해 깨끗하게 마무리될 수 있었다.

미생물에 관한 사건

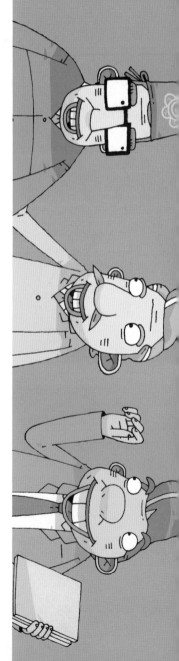

미생물, 너의 정체를 밝혀라!

진드기는 미생물일까요, 동물일까요?

"으~! 엄마, 간지러워요! 못 참겠어요!"

오늘도 가려움과 싸움을 하고 있는 왕가려 때문
에 엄마는 잠을 제대로 잘 수가 없었다. 왕가려는
밤만 되면 가렵다고 온 몸을 긁어 댔는데 어제는 너무 심하게 긁
어 피까지 날 정도였다. 엄마는 더 이상 두고 볼 수 없어 왕가려가
평소 무척 가지고 싶어 했던 장난감을 사 주겠다는 약속으로 '다
시는 몸을 긁지 않겠다'는 맹세를 받아 냈다. 장난감이 갖고 싶었
던 왕가려는 하루 종일 긁지도 못하고 가려움을 고스란히 참아야
했다. 그러나 밤이 되자 가려움이 더 심해져 한숨도 못 자면서 고

통을 호소하고 있다.

"가려야, 많이 힘들어? 오늘 밤만 참자. 내일 아침에 날 밝자마자 병원에 가서 의사 선생님한테 왜 이렇게 네 몸이 가려운지 물어보자. 그러니까 가려워도 막 긁고 그러지 마. 그러다가 피 나면 내일 치료할 때 더 고생해. 알았지? 엄마가 이렇게 만져 줄 테니까 얼른 자."

가려운 곳을 손바닥으로 한참을 만져 주고 나서야 왕가려는 잠이 들었고 엄마도 새벽녘이 다 돼서야 잠깐 눈을 붙일 수 있었다.

"일어났어? 얼른 아침밥 먹고 병원 가자. 담임선생님한테는 엄마가 전화할 테니까 얼른 씻고 나와."

아침 일찍부터 왕가려를 깨워 병원으로 나선 엄마는 도대체 자신의 아들이 왜 이렇게 가려움을 호소하는지 알 수가 없어 속이 타들어 갔다. 혹시나 큰 병은 아닌지, 고칠 수 있는 피부병이긴 한 건지 등등 별의별 생각이 다 들었다. 엄마는 병원 문이 열리자마자 첫 환자로 아들의 이름을 올렸다.

"네, 무슨 일로 이렇게 아침 일찍 오셨나요?"

"우리 아들이 며칠 전부터 몸을 심하게 긁더라고요. 처음에는 그냥 벌레에 물려서 저러나 하고 두고 봤는데 가면 갈수록 점점 심해지더니 어제는 긁다가 팔다리에 피까지 나고 밤에도 잠을 이루지 못해서 제가 옆에서 내내 붙어 있으면서 가려운 곳을 조금 만져 주니까 그제야 잠이 들더라고요. 아이가 너무 힘들어하는데 도대체 왜 이럴까요?"

"어디서 알레르기 반응을 일으킬 수 있는 뭔가를 만진 것 같은데…… 일단은 오늘 집에 가셔서 아드님이 만졌던 것들 좀 가져와 보세요. 혹시 악성 세균이 침투한 것일 수도 있으니까 저희 병원 연구실에서 분석해 보겠습니다."

집으로 돌아온 엄마는 곧장 왕가려의 방으로 가서 알레르기 반응을 일으켰을 만한 물건을 찾기 시작했다.

"우리 아이가 자주 만지는 게 뭐가 있더라. 처음 간지럽다고 긁어 대기 시작한 날을 생각해 보면 알 수 있을 것 같은데, 음…… 그날 내가 주방에서 저녁을 준비하는데 아이가 책을 읽고 있었고, 그래! 우선은 책도 병원에 가져가 보자. 가지고 놀던 공이랑…… 휴! 이렇게 이것저것 챙기다가는 아예 병원으로 이사를 해야겠는걸."

집 안에 있는 물건을 모두 다 검사해 볼 수 없는 노릇이었던 엄마는 고민에 빠졌다. 원인을 찾아내지 못하면 저렇게 계속 힘들어 할 텐데 그 모습을 지켜보기가 너무 힘들었기 때문이었다. 하루 종일 집 안을 샅샅이 살폈지만 끝내 원인을 찾지 못했다. 엄마가 내일 병원에 뭘 가져가야 하나 골똘히 생각에 빠져 있을 때쯤 아빠가 말을 건넸다.

"여보, 가려가 또 아프다고 당신 부르잖소. 얼른 가 봐요. 밤만 되면 더 심해지니 원, 정말 큰일이네."

"네? 뭐 좀 생각하느라 못 들었나 봐요. 지금 가 볼게요. 근데

당신 방금 뭐라 그랬죠? 밤만 되면 더 심해지는 것 같다고요? 아, 그래! 이불! 이불이었어!"

엄마는 아침 일찍 가려의 이불을 통째로 짊어지고는 병원으로 달려갔다. 이불을 들고 연구실로 들어간 의사가 한참 만에 나왔다.

"이불에서 집먼지진드기가 발견됐어요. 보통 다른 이불에 있는 것보다 조금 많이 있더라고요. 그래서 저렇게 긁었나 봐요. 꼬마야! 네 몸에 집먼지진드기라는 미생물이 있어서 그랬던 거니까 이제 곧 괜찮아질 거야. 집에 가서 다른 이불로 바꿔서 자렴, 알겠지?"

엄마와 왕가려는 가려움의 원인을 찾고 나서야 드디어 마음이 놓였다. 왕가려는 집으로 돌아와 자신이 덮었던 이불을 유심히 살펴보기 시작했다.

"이상하네. 집먼지진드기라는 미생물이 내 이불에 산다고 했는데 왜 난 몰랐던 거지? 하나도 보이지 않아. 원래 그런 건가? 아! 미생물이란 게 원래 이렇게 눈에 보이지 않는 작은 생물을 말하는 거구나."

자신의 이불을 아무리 들여다봐도 진드기를 찾을 수 없었던 왕가려는 미생물이란 것이 원래 저렇게 눈에 보이지 않는 작은 것이라고 생각했다. 그 후 이불을 바꾸고 약을 꾸준히 발라 주자 피부병이 완쾌되어 다시 학교생활을 즐겁게 할 수 있었다.

"이제 안 간지럽니? 선생님이 너 때문에 걱정 많이 했어. 학교도 며칠이나 빠져서 말이야. 그래도 이제 괜찮다니 다행이다. 그럼 이제 수업 시작할까? 오늘은 미생물에 대해서 배울 거예요. 여러분은 미생물이 뭐라고 생각하세요?"

왕가려는 이번에 아프면서 미생물에 대해서 알게 되었기 때문에 손을 번쩍 들어 자신 있게 대답을 했다.

"미생물은 눈에 보이지 않는 아주 작은 생물을 이야기합니다."

"글쎄다. 아닌 것 같은데? 다른 사람?"

자신의 눈으로 이불을 뒤집어가며 미생물을 확인했었던 왕가려는 '틀렸다'는 선생님 말씀에 크게 당황했다.

'이상하다. 분명 의사 선생님이 내 이불에 있다고 말한 미생물은 눈으로 볼 수 없었는데……'

미생물의 정체에 대해서 며칠 동안 계속 고민하던 왕가려는 결국 생물법정을 찾아가게 되었다.

미생물은 눈에 보이지 않는 단세포나 단세포 덩어리가 대부분이지만
곰팡이나 버섯처럼 눈에 보이는 미생물도 있습니다.

미생물은 무엇일까요?
생물법정에서 알아봅시다.

 재판을 시작하겠습니다. 생치 변호사, 변론하세요.

 미생물은 눈에 잘 보이지 않는 생물을 말합니다. 미생물은 우리 주변 어디든지 있지만 눈에 보이지 않을 정도로 크기가 너무 작기 때문에 없다고 생각하기 쉽습니다. 진드기도 우리 눈에 보이지 않습니다. 따라서 진드기도 미생물의 범주에 들어갈 것입니다.

 비오 변호사, 반론하세요.

 눈에 보이지 않는다고 무조건 미생물이라고 말할 수 있을까요? 그리고 눈에 보이면 미생물이 아니라고 말할 수 있을까요? 정확한 미생물의 정의를 내리기 위해 미생물을 연구하시는 조그매 박사를 증인으로 요청합니다.

다른 사람보다 키가 작고 매우 평범하게 생긴 조그매 박사가 증인석에 앉았다.

 진드기는 미생물입니까?

 진드기는 미생물이 아니라 동물입니다.

 진드기는 눈에 보이지 않는데 미생물이 아닙니까?

 흔히들 단순하게 눈에 보이지 않는 생물을 미생물이라고 말하곤 하지만 그것은 엄밀히 말해 정확한 정의가 아닙니다.

 그럼 정확한 정의는 무엇입니까?

 동물도 식물도 아닌 생물들을 일컬어 미생물이라고 말합니다.

 이의를 제기합니다. 세상에 동물도 식물도 아닌 생물이 어디 있습니까?

 제 말을 끝까지 들어 보시면 압니다.

 생치 변호사, 증인의 말을 끝까지 들어 보도록 합시다. 나도 영 생소하네.

 우리는 흔히 한 개체를 발견하면 먼저 동물인지 식물인지를 따지게 됩니다. 그런데 세균이나 바이러스와 같이 동물인지 식물인지 확실하게 구분 지을 수 없는 것들을 전부 '미생물'이라고 말하지요.

 동물인지 생물인지 아니면 미생물인지를 어떻게 구분하죠?

 예전에는 모양이나 조직, 형태 등에 따라 생물을 분류했는데 이는 한계가 있습니다. 그러나 생명과학이 발달함에 따라 DNA나 유전자 분석으로 생물을 분류하는 방법이 쓰이고 있습니다.

 유전자 분석으로 어떻게 생물을 분류하는지 간단히 설명해 주세요.

 간단하게 설명하면 비슷한 생명체일수록 DNA나 유전자가 비슷하다는 것을 이용한 것입니다. 우리가 친자 확인을 할 때 유전자 검사를 하는 이유도 바로 그것이지요.

 미생물에는 어떤 것들이 있지요?

 미생물은 세균이나 바이러스와 같이 우리 눈에 보이지 않는 단세포나 단세포의 덩어리로 된 생물이 있는가 하면 버섯이나 곰팡이와 같이 우리 주변에서 흔히 볼 수 있는 것들도 있습니다.

 버섯이나 곰팡이가 미생물이라는 것이 놀랍군요.

 그렇죠? 참고로 버섯은 엄밀하게 말하면 곰팡이에 속합니다.

미생물은 동물도 아니고 식물도 아닌 생물로서 눈에 보이지 않는 단세포나 단세포 덩어리가 대부분이지만 곰팡이나 버섯처럼 눈에 보이는 미생물도 있습니다. 따라서 무조건 눈에 보이지 않는다고 해서 미생물이라고 단정 짓는 것은 무리가 있습니다.

 진드기는 우리 눈에 보이지 않아 미생물이라 착각하기 쉽지만 사실은 아주 작은 동물일 뿐입니다. 그리고 미생물이라고 해서 전부 눈에 안 보이는 것도 아니지요. 따라서 미생물의 정의를 단순히 '눈에 보이지 않는 생물'이라고 하기에는 부족하다고 판단되므로 '동식물이 아닌 생물'로 정의하는 편이

더 정확하겠습니다. 이상으로 재판을 마치겠습니다.

재판이 끝난 후, 왕가려는 미생물에 대해 많은 것을 알게 되었고 장차 세계적인 미생물학자가 되기로 결심했다. 그래서 지금도 수많은 미생물 관련 서적을 읽으며 향학열을 불태우고 있다.

 DNA

DNA는 디옥시리보 핵산의 줄임말이다. DNA는 디옥시리보오스라는 당을 가지는 유전자의 본체로 세포의 핵 속에 있으며 염색체의 중요한 성분을 이룬다.

김 작가의 착각

우리 장 속에 아케아가 살고 있다는데 해가 되지 않을까요?

김 작가는 하루 종일 하는 일이 있다. 사람들은 그가 작가이기 때문에 작품 구상을 하거나 글을 쓸 것이라고 생각하지만 사람들의 예상과는 전혀 다르게 그는 항상 쓸고 닦고 끓이고 식히고 말리고 기타 등등을 한다. 그가 작가라는 직업에도 불구하고 하루 종일 쓸고 닦고 하는 것은 그의 별난 성격 때문이다. 김 작가가 이렇게 심각해진 건 어렸을 적 집 앞 놀이터에서 신나게 놀다가 돌아와 무심결에 틀게 된 TV 때문이다.

마침 다큐멘터리 채널에 맞춰져 있던 TV에서는 '현미경으로 본

세상'이라는 주제로 눈에는 보이지 않지만 생활 곳곳에 퍼져 있는 여러 세균들을 현미경으로 확대한 모습을 보여 주었다. 그때 당시 놀이터에서 흙먼지를 잔뜩 뒤집어쓰고 돌아온 김 작가 눈에 보였던 그 세균들의 모습은 매우 충격적이었다. 수많은 세균들이 모두 다 자신에게 있을 것 같은 기분이 들었던 그날 이후에 김 작가는 하루 종일 청소만 하며 하루를 보내고 있다.

처음엔 하루 종일 청소만 하는 자신을 이해하기 힘들어서 정신과 상담을 받아 보기도 했지만 별다른 효과를 보지 못했고, 결국 치료를 포기하고 자신의 삶을 받아들이기로 했다.

"몸은 힘들어도 깨끗한 집에서 살아서 그런지 사계절 내내 감기 한 번 걸리지 않고 건강하잖아? 이렇게 사는 것도 나름 괜찮아."

그는 오늘도 아침에 일어나자마자 이불을 들고 베란다로 간다. '퍽! 퍽! 퍽!' 밤새 덮었던 이불에 먼지가 쌓였을 거라 생각한 김 작가는 하루 일과를 이불의 먼지를 터는 일로 시작한다. 그렇게 5분 동안 먼지가 나오지 않을 때까지 털고는 세수를 하고 아침밥을 먹는다.

"밥도 다 먹었고 이제 드디어 그 시간이 찾아온 것인가?"

깔끔한 그이기에 가능한 한 가지, 바로 설거지이다. 하지만 그가 하는 설거지에는 보통 사람들과 다른 것이 하나 있으니, 보일러실로 들어가 보일러의 온도를 최대한으로 올리는 것이다. 그리고 주방으로 들어와 고무장갑을 두 개씩이나 끼고 가장 뜨거운 물로 설거지를 하는 것이다. 그릇이 항상 세균 감염이 될 환경에 노출되어 있다고 생각한 나머지 그렇게 매번 뜨거운 물로 설거지를 하는 것이다.

하지만 그의 이런 특이한 행동은 오히려 그가 쓰고 있는 소설의 소재거리를 제공하기도 한다. 그는 자신을 꼭 닮은 주인공을 주제로 글을 쓰고 있다. 세균에 강박증을 가진 캐릭터가 바로 그가 쓰는 소설의 주인공이다. 그가 처음에 책을 냈을 땐 사람들이 그를 보고 정신과에나 가보라며 이상한 사람 취급을 했지만 차츰 특이한 성격 때문에 겪었던 에피소드들이 사람들의 관심을 얻게 되면서 인기 작가 반열에 오르게 되었다.

책 내용은 대부분 이런 식이다. 자신이 사실은 뚱뚱했다는 이야기를 하면서 누가 어떻게 살을 뺐냐고 물어보면 이렇게 대답을 한다.

"11층인 집까지 올라가려면 엘리베이터 버튼을 눌러서 엘리베이터를 타야 하지만 나는 많은 사람들이 만지는 엘리베이터 버튼을 차마 누를 수가 없어 하는 수 없이 11층까지 매번 계단으로 다니다 보니 살이 빠졌다."

그의 이런 어처구니없는 행동들이 독자의 마음을 사로잡은 것이다. 하지만 그의 소설이 인기를 얻게 되면서 그가 감수해야 했던 일도 많았다. 그 책을 읽고 난 어린 학생들이 청결에 대한 강박증을 가지게 되면서 사회생활을 힘들어했기 때문이다. 그 때문에 자녀를 키우는 어머니들로부터 제대로 된 소설을 쓰라며 욕을 얻어먹기도 했지만 그가 쓴 소설의 인기는 멈추지 않았다.

그리고 그는 올해 새로운 소설을 하나 구상했다. 그 소설의 주제 역시도 유난스럽게 깔끔한 캐릭터 이야기이다. 이 주인공은 세균에 대한 강박증으로 모든 걸 뜨거운 물에 끓여서 소독을 해야만 사용을 하는 캐릭터이다. 그래서 그 주인공은 한여름에도 뜨거운 컵에 뜨거운 커피만을 마신다. 또 죽기 전까지의 소원은 뜨거운 팥빙수를 먹어 보는 것이다.

김 작가는 6개월 후 책을 완성해서 출판했고 예상대로 이전 작품처럼 큰 인기를 얻게 되었다. 하지만 이번에도 문제가 발생했다. 전작에서처럼 소설 속 주인공의 청결에 대한 강박증을 따라하던 철없는 사람들이 이번에도 그것을 따라하다가 여기저기서 화상 사고가 발생했기 때문이다.

김 작가는 독자들에게 소설 속 주인공을 따라하지 말아 달라며 당부를 했지만 여기저기서 주인공을 따라하는 사람들이 줄지 않아 속상해하고 있었다. 심지어 사람들은 김 작가의 소설 속 주인공처럼 살면 건강하고 청결하게 살 수 있다는 말까지 했으며 김 작가는 점점 그 사람들에게 미안한 마음이 들기 시작했다.

그러던 어느 날, 이 문제를 심각하게 받아들인 〈과학일보〉의 서 기자는 사람들이 무턱대고 소설 내용을 따라하는 행동을 막아야겠다고 생각했다. 서 기자는 먼저 미생물 전문가를 찾아가 자문을 구했고 김 작가가 쓴 책의 일부분을 인용하여 기사를 냈다.

〈김 작가의 신작 속 "끓는 물에서 살 수 있는 미생물은 없다"에 대한 진실〉이라는 타이틀로 신문에 글을 실었고 김 작가의 인기만큼이나 신문에 대한 사람들의 관심 또한 대단했다. 그리고 기사를 본 사람들은 어떻게 유명 소설가가 진실도 확인하지 않은 채 무책임하게 책을 쓸 수 있냐며 김 작가를 비난했고, 이에 화가 난 김 작가는 자신의 명예를 훼손했다며 서 기자와 신문사를 생물법정에 고소했다.

아케아는 최근에 발견된 미생물로서 80℃ 이상의 고온이나 염분 농도가 아주 높은 곳, 혹은 메탄 생성 지역 등 극한 상황에서도 살아남습니다.

끓는 물에서 미생물은
살 수 없는 것일까요?
생물법정에서 알아봅시다.

 원고 측 변론하세요.

 더운 여름철이 되면 반드시 물을 끓여 먹으라

고 합니다. 그 이유는 병균을 없애기 위해서

죠. 아기의 젖병을 삶는 것도 더러운 행주를 끓는 물에 소독하는 이

유도 세균을 죽이기 위해서입니다. 그런데 끓는 물에서 미생물이 산

다면 이 모든 행동이 소용없다는 것입니까? 따라서 피고 측이 억지

주장을 하는 것이라고 생각합니다.

 피고 측 변론하세요.

 물론 병에 걸리지 않기 위해 뜨거운 물에 소독하는 것은 사실

입니다. 그러나 미생물에는 병균만 있는 것이 아닙니다. 원시

인 박사를 증인으로 요청합니다.

　　꼬질꼬질한 실험복을 입은 원시인 박사가 증인석에

앉았다.

 현재 하시는 일이 무엇이죠?

 고대 미생물인 아케아를 연구하고 있습니다.

아케아라니 이름이 참 생소하군요.

 아케아라는 것은 옛날이라는 뜻으로 최근에 발견된 미생물입니다.

 아케아는 박테리아에 속하나요?

 모양은 박테리아와 비슷하지만 성질은 아예 다릅니다. 따라서 생물을 분류할 때 아케아, 박테리아, 진핵생물, 이렇게 크게 세 부류로 나누지요.

 아케아의 대표적 성질에는 무엇이 있나요?

 80℃ 이상의 고온에서 살거나 염분 농도가 아주 높은 곳에서 혹은 메탄 생성 지역에서 사는 등 보통 박테리아가 살 수 없는 극한 환경에서 사는 성질이 있습니다.

 신기하군요. 아케아는 사람에게 해가 되지 않습니까?

 해가 되는 아케아는 거의 없습니다. 생명과학이나 환경과학 등 여러 곳에서 쓰이고 있지요. 특히 폐수 처리 등에 없어서는 안 될 중요한 미생물입니다. 또 우리 장 속에도 아케아가 살고 있는데 우리가 방귀를 뀌는 이유는 장 속에 있는 메탄 생성 아케아 때문입니다.

 아까 80℃ 이상에서도 살 수 있는 아케아가 있다고 하셨는데 이는 끓는 물에서도 삽니까?

 그렇습니다. 아케아 중에는 113℃까지는 끄떡없고 오히려 90℃가 되면 춥다고 생장을 멈추는 것도 있습니다. 심지어 멸균 온도인 121℃에서 살 수 있는 아케아도 있습니다. 온천에서 발견된다는 아케아가 이런 종류죠. 높은 온도에서 사는 아케아를 과학자들은 특히 주목하고 있습니다.

 주목하고 있는 이유가 뭔가요?

 약 46억 년 전 지구가 탄생했을 때는 온도가 매우 높았는데 이런 환경에서 어떻게 생명체가 생겨났는지에 대한 수수께끼를 풀 수 있는 힌트가 되기 때문이죠. 실제로 이 아케아는 DNA 복제 과정이 박테리아보다는 진핵생물과 비슷합니다.

 아케아는 극한 환경에서 사는 미생물로 박테리아와 비슷한 모양이지만 성질은 완전히 다른 미생물입니다. 아케아 중에서는 끓는 물에서 사는 종류도 있으므로 서 기자의 기사는 타당한 것입니다.

 판결합니다. 아케아는 박테리아나 진핵생물과는 다른 제3의 생물로서 극한 환경에서 산다는 것이 특징입니다. 아케아 중에는 끓는 물에서 살 수 있는 종류도 있으므로 서 기자의 기사는 타당하나 김 작가의 책에 묘사된 끓는 물에서 살 수 없는 미생물은 흔히 병을 일으키는 박테리아를 일컫는 것이므로 크게 문제 될 것은 없습니다. 다만 김 작가의 지나친 결벽증은 걱정되는군요. 이상으로 재판을 마치겠습니다.

재판이 끝난 후, 김 작가는 결벽증에 대한 정신과 치료를 받았

다. 그 후 김 작가는 방 청소를 거의 하지 않아 먼지가 풀풀 날리는
방에서 소설 집필에 열을 올리고 있다.

복제

영화 〈쥬라기 공원〉에서는 공룡이 복제된다. 그러나 실제로 공룡의 DNA를 얻는다고 해도 이를 품
고 생명체로 키워 낼 수 있는 공룡의 자궁이 없기 때문에 공룡을 하나의 개체로 복제하기는 어렵다.
그러나 사람의 경우는 이런 일이 이론적으로는 가능하다. 죽은 지 오래되지 않은 사람으로부터
DNA를 추출해 살아 있는 사람의 자궁에서 발생시키면 죽은 사람의 일란성 쌍둥이에 해당하는 새로
운 사람을 탄생시키는 것이 가능하기 때문이다.

양치기 소년의 주장

미토콘드리아가 어떻게 세포 속으로 들어갔을까요?

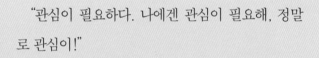

"관심이 필요하다. 나에겐 관심이 필요해, 정말
로 관심이!"

관심이 필요하다고 울부짖고 있는 이 남자는 박
허망 씨다. 어렸을 적부터 총명하고 예의바른 그였기에 사람들의
관심을 한 몸에 받았지만 점점 커 가면서 그의 총명함도 차츰 사
라지고 사람들에게 관심을 받지 못하자 성격 또한 난폭해진 사람
이다. 그래서 그는 항상 예전의 자신을 생각하며 자신의 명석한
두뇌로 세상 사람들을 깜짝 놀라게 할 기회만을 노리고 있다.

대학을 졸업하고 한 기업체의 연구원이 된 박허망 씨는 직장인이 되어서도 과거 자신의 영광을 재현하기 위해 사람들에게 거짓말을 하곤 했다.

"김 대리, 왜 안 믿어? 내가 정말 예전에 전국 1등을 한 적이 있다니까~!"

"에이, 이제 안 믿어요. 전에도 박 과장님이 대학교 학생회장하셨다고 그러셨잖아요. 근데 뭐 알고 보니까 그거 거짓말이셨잖아요."

"거짓말은 무슨! 하다 보니까 말이 엇나온 거지. 사람 참 말을 해도……."

"하여튼 이제 과장님 말은 딱 50%만 믿기로 했으니까 그렇게 알고 계세요."

거짓말을 해서라도 사람들에게 대단한 사람으로 생각되어지길 바랐던 박허망 씨는 점점 자신도 모르게 거짓말을 하는 사람이 되어 있었다.

"과장님 또 어제 거짓말하셨다며?"

"뭐 한두 번인가요? 그냥 알아서 들으세요. 다 믿으면 큰일 나니까. 저 처음에 입사했을 때도 과장님 말 다 믿고 일하다가 손해 본 게 한두 번이 아니잖아요. 하여튼 조심하세요."

그가 사람들에게 인정받고자 하는 욕심은 급기야 사람들로부터 그가 거짓말쟁이라는 낙인이 찍히도록 만들어 모두들 박허망 씨를 믿지 못했다.

"박허망 씨, 다음 주에 있을 생물학회 준비 잘돼 가나? 요번 학회는 우리하고 라이벌인 회사에서 엄청난 주제를 가지고 발표를 한다고 하니 박허망 씨도 신경 많이 써야 할 거야."

"그럼요! 이미 다 해 놨습니다. 그 회사의 연구보다 훨씬 더 굉장하고 파격적인 주제로 사람들의 주목을 단번에 끌 수 있을 겁니다."

"정말인가? 자네, 안 그런 것 같으면서도 준비를 다 해 놨다고 하니 정말 대단하군! 그럼 일단 학회 가기 전 나한테 한번 보여 줄 수 있겠나?"

"너무 완벽해서 그럴 필요도 없습니다. 절 믿어 보세요."

하지만 그가 학회 준비를 다 했다는 말은 샛노란 거짓말, 그는 오히려 무엇을 발표할지 주제조차 잡지 못하고 있었다. 그리고 박허망 씨는 말을 마치자마자 방금 한 말에 대해서 땅을 치며 후회하고 있었다.

'도대체 무슨 생각으로 또 그렇게 큰 거짓말을 한 거지? 그냥 아직 준비 못했다고 했으면 다른 연구원들의 도움을 받아 빨리 끝낼 수 있었을 텐데, 오히려 미리 보자고 하는 바람에 혼자서 준비하게 생겼군. 또 발표회 날짜는 어떻게 맞춘담. 정말 나 왜 이러지?'

하지만 이제 와서 아까 했던 말들이 모두 거짓말이라고 말할 수도 없는 노릇이었다. 그날부터 박허망 씨는 퇴근을 반납하고 연구에 매달리기 시작했다.

"우선 무얼 할지 주제를 정하고 연구 방향을 잡고 그런 다음에…… 아아악, 정말 내가 무슨 짓을 한 거야! 옛날에 똑똑했던 시

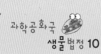

절도 다 지나간 일인데 난 왜 이렇게 집착을 못 버릴까? 휴~!"

자신이 만든 어쩔 수 없는 상황 때문에 화가 났지만 울며 겨자 먹기 식으로 프로젝트 준비를 시작하게 된 박허망 씨, 어떤 주제로 발표를 할까 고민하다가 가장 자신 있는 고대 미생물에 대해서 연구를 하기 시작했다.

"상대 회사를 완전히 누르려면 좀 더 혁신적이고 창의적인 주제가 필요한데, 어떤 주제를 잡으면 좋을까? 아! 이거 좋겠군. 바로 이거야, 미토콘드리아! 이거라면 모두를 만족시킬 수 있는 연구 결과가 되겠군."

뭔가 대단한 주제를 찾은 듯 연구에 열중하고 있는 박허망 씨, 드디어 학회 발표 날이 되었다. 회사 사람들은 박허망 씨가 연구 발표를 준비한다는 소리에 또 거짓말이 아니냐며 그를 놀렸지만 그는 아랑곳하지 않고 자신이 준비한 연구로 비장의 칼날을 뽑을 시간만을 기다리고 있었다.

"지금부터 제65회 생물학회를 시작하겠습니다. 오늘의 첫 발표는 박허망 연구원이 발표해 주시겠습니다. 박 연구원은 이쪽 강단으로 올라와 주시기 바랍니다."

"네, 오늘 저의 연구 주제는 '세포 속 미토콘드리아는 고대 미생물이다' 입니다. 그럼 자세한 내용 보시죠."

"어휴, 저럴 줄 알았어. 학회에서 한다는 소리가 저런 거짓말이나 하고! 어떻게 미생물이 세포 속에 있다는 주장을 할 수가 있어요?"

"그러게요, 정말 회사 망신이에요. 이제 어떡해요? 경쟁 회사는 굉장한 주제를 가지고 나올 텐데……."

"일단은 박허망 씨 발표 중지시키고 강단 아래로 내려오라고 하세요."

회사의 요청에 의해 박허망 씨의 발표는 갑자기 중단되었고 영문도 모른 채 강단 아래로 내려오게 된 박허망 씨는 자신을 믿지 않는 회사원들에게 원망을 들어야만 했다.

"박허망 씨, 아까 주제가 발표되자마자 학회장 분위기 썰렁해지는 거 보셨죠? 왜 그런 말도 안 되는 주제를 발표하셨어요? 혼자 못한다고 했으면 저희가 같이 도와드릴 수도 있었잖아요."

"아니, 무슨 소리를……."

"왜 학회에서 거짓말하시냐고요!"

"무슨 소리세요? 저는 정말 그렇게 연구를 했다고요. 세포 속 미토콘드리아는 미생물이 맞아요!"

아무리 자신의 연구 결과를 말해도 믿지 않는 회사원들에게 박허망 씨는 화가 치밀어 올랐지만 그건 평소 거짓말을 밥 먹듯 했던 자신의 탓이었기 때문에 그들을 원망할 수는 없었다. 하지만 자신의 연구마저 자신처럼 거짓말쟁이 취급을 받는 것은 도저히 참을 수가 없었다. 결국 박허망 씨는 자신의 결백을 밝히고자 생물법정에 의뢰하게 되었다.

미토콘드리아는 프로테오 박테리아가 진핵세포 속으로 들어가
공생하면서 진화한 것으로 세포 속에서 산소를 이용하여
에너지를 만들어 내는 기관입니다.

과연 미토콘드리아는 미생물일까요?
생물법정에서 알아봅시다.

 생치 변호사, 변론하세요.

 미토콘드리아는 세포 속에서 산소를 이용

하여 에너지를 만들어 내는 기관입니다.

그런데 이런 미토콘드리아가 미생물이라니 뭔가 이상하지 않

습니까? 사람만 하더라도 세포가 셀 수 없이 많은데 그 세포

속에 미생물이 어떻게 일일이 다 들어간단 말입니까? 의뢰인

이 어서 정신 차리길 바랄 뿐입니다.

 이의 있습니다. 의뢰인을 마치 정신 나간 사람 취급하고 있습

니다.

 받아들이겠습니다. 아무리 황당한 사건이라도 최선을 다해서

풀어 주는 것이 우리 생물법정이 할 일입니다. 비오 변호사,

변론하세요.

 먼저 박허망 씨를 증인으로 요청합니다.

박허망 씨가 종이를 잔뜩 들고 위축된 몸짓으로 조
심조심 증인석으로 걸어가 앉았다.

박허망 씨는 학회에서 미토콘드리아가 미생물이라고 했는데 그 근거는 무엇이지요?

 우선 미토콘드리아는 핵과 같이 이중 막으로 되어 있습니다. 또 세포의 핵과는 달리 고유의 DNA를 가지고 있으면서 자기 스스로 증식합니다.

 그것만으로는 미생물이라고 단정 지을 수 없을 것 같은데요.

 가장 결정적인 증거는 미토콘드리아의 DNA가 진핵생물보다 박테리아와 더 유사하다는 점입니다.

 그렇지만 미생물인 미토콘드리아가 어떻게 세포로 들어왔을까요?

 진핵세포의 조상 정도인 생물이 진화하면서 부피가 커지기 시작했습니다. 그리고 이들 중 하나에 프로테오 박테리아가 들어오면서 이들은 서로 공생하게 됩니다. 공생하면서 프로테오 박테리아는 산소로 에너지를 만들어 내는 일을 도맡게 되는 것이죠. 이 프로테오 박테리아가 바로 미토콘드리아라는 것이죠.

 매우 어려운 이야기군요. 좀 더 쉽게 설명해 주시겠어요?

 원래 작은 꽃집이 있었다고 합시다. 그런데 그 옆의 슈퍼가 커지면서 할인마트가 되었어요. 그래서 작은 꽃집이 할인마트 안에 가게를 차리게 된 것이죠. 이 꽃집은 할인마트 안에서 꽃을 파는 역할을 하고요.

'따로 또 같이' 라는 말이군요. 미토콘드리아 이외에 또 다른 예가 있을까요?

 식물의 광합성을 맡아서 하고 있는 엽록체가 있습니다. 엽록체는 시아노 박테리아가 세포 속으로 들어온 것입니다. 그 증거는 미토콘드리아와 거의 비슷합니다.

 미토콘드리아는 프로테오 박테리아가 진핵세포 속으로 들어가 공생하면서 진화한 것으로 현재는 세포 속에서 산소를 이용하여 에너지를 만드는 역할을 합니다. 그 증거는 미토콘드리아의 특징과 프로테오 박테리아의 특징이 비슷하다는 것과 DNA가 비슷하다는 점입니다.

 미토콘드리아나 엽록체는 진핵세포가 진화할 때 안으로 들어가 공생하면서 각자 진화해 왔다고 추측하고 있습니다. 그러나 미토콘드리아는 현재 세포에서 산소를 이용하여 에너지를 만들어 내는 기관입니다. 따라서 미토콘드리아를 미생물이라고 단정 지을 수는 없습니다. 이상으로 재판을 마치겠습니다.

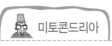 미토콘드리아

1897년 독일의 생물학자 베더가 세포 속의 새로운 작은 기관인 미토콘드리아를 발견했다. 미토콘드리아에서는 산소를 이용하여 포도당을 분해하고 이산화탄소와 물을 만들어 내면서 이때 세포가 필요로 하는 에너지를 만든다.

재판이 끝난 후, 박허망 씨는 다시 학회에 나가 잘못된 연구로
사람들을 혼란시킨 점에 대해 공개적으로 사과했다. 그리고 생물
학회는 미토콘드리아가 미생물이 아니라고 결론을 내리게 되었
다.

바이러스의 탄생 비밀

바이러스도 미생물인가요?

사건 속으로

대학생이 된 재훈이와 지훈이는 초등학교 시절
부터 같은 동네에서 자란 죽마고우이다. 두 사람은
하루 종일 붙어 다니며 놀기 바쁘던 초등학교 시절
부터 사춘기 고민을 진지하게 서로 이야기하던 중학교 시절을 지
나, 같은 대학교를 목표로 열심히 공부했던 고등학교 시절까지 가
장 죽이 잘 맞는 최고의 친구였다.

"지훈아, 우리 부모님 오늘 여행 가셨어."

"웬 여행? 어디 가신 거야? 그럼 혹시 오늘 너희 집~?"

"빙고! 나 혼자인 거지. 아버지 생신이시거든. 그래서 기념으로 가까운 곳으로 여행 가셨어. 내일 저녁에나 오실 거야!"

"와우, 절호의 찬스! 밤새 게임으로 환상적인 밤을 보내 보자고."

"그거 좋지! 이따가 저녁 먹고 7시쯤 우리 집으로 와."

틈만 나면 둘이 모여 놀기 바빴던 두 사람은 시간이 흘러 고3이 되었고, 대학교 역시도 같은 곳을 지망했다.

"김지훈 학생은 합격입니다."

지원 대학에 전화를 걸자 상냥한 여직원이 지훈이의 합격 소식을 알려 주었다.

"합격이다, 합격! 재훈아, 난 합격이야. 이제 네 거 알아볼 차례야."

"야, 나 긴장돼서 안 되겠어. 눈 감고 있을 테니까 네가 좀 알아봐."

"이재훈 학생은 합격입니다."

역시 상냥한 여직원의 목소리를 타고 재훈이의 합격 소식이 전해졌다.

"야~! 나도 합격이야. 정말 기쁘다. 너랑 대학교 가서도 계속 친구로 남을 수 있다는 게! 우리 정말 멋진 대학생이 되자."

"어째 조금 느끼한 멘트다. 히히!"

"그럼 어떠냐. 대학교도 붙었으니 이제부터 천국인데, 하하하!"

둘은 집과 멀리 떨어진 대학교에 다니게 되면서 부모님으로부터 독립하게 되었고 자취방도 서로 마주 보고 있는 집으로 구해 예전처럼 계속 가깝게 지냈다.

"재훈아, 너 반찬 좀 있어? 나 지금 배고파 죽겠는데 냉장고가 텅텅 비었어."

"넌 정말 먹는 복은 타고난 것 같아. 방금 나의 마지막 용돈을 박박 긁어모아 통닭을 시켰다. 지금 오면 아주 조금 나의 통닭을 나눠 주기로 하지!"

그렇게 서로를 챙겨 주며 아끼던 재훈이와 지훈이었지만 한 가지 예외는 있었다. 그것은 바로 게임이었다. 두 사람은 예전부터 부모님들이 집을 비우시곤 할 때마다 밤새 게임에 몰두했었던 게임광이었다. 대학생이 되고부터 가장 좋은 점도 마음껏 게임을 즐길 수 있는 것이었으니 둘은 시간이 날 때마다 집에 모여 게임을 하곤 했다.

"골, 골, 골! 야호, 3 대 0! 역시 너는 아직 나한텐 안 되는구나."

"다시 해, 다시! 이건 정말 나의 실수였어."

"실수는 무슨 실수! 어서 게임 전에 약속했던 벌칙을 수행하도록!"

"한 번만 봐 줘. 이 추운 날 그걸 어떻게 해. 너 알지? 나 추위 많이 타는 거!"

"어떻게 벌칙이 없는 게임이 있을 수가 있냐? 어서!"

두 사람은 게임을 할 때면 항상 지는 사람이 벌칙을 수행하기로 약속했었고, 그날의 벌칙은 추운 겨울날 얼음을 등 뒤에 넣고 동네를 한 바퀴 도는 것이었다. 약속대로 게임에서 진 재훈이는 냉동실에서 얼음을 꺼내 자기 등 뒤에 넣고 동네를 한 바퀴 돌게 되었다. 하지만 그전부터 몸이 안 좋았던 탓이었는지 집에 돌아온 후 감기에 걸려 재채기를 하기 시작했다. 게임에 진 것도 억울한데 독감까지 걸린 재훈이는 지훈이에게 화를 내기 시작했다.

"야이 바이러스 같은 녀석아, 너 때문에 나의 고귀한 육체가 지금 독감 바이러스에 고통 받고 있는데 웃음이 나오니? 이 징글징글한 독감 바이러스 같은 녀석! 넌 공룡이 살기 전부터 태어나서 네가 공룡을 다 죽였을 바이러스 같은 녀석이다. 인류 최초의 재앙이자 불행아!"

"하하하하! 야, 너 진짜 웃겨. 지금 무슨 소리야? 너 지금 나한테 게임 졌다고 이러는 거냐? 유치한 녀석! 나를 바이러스에 비교하다니, 그리고 바이러스에 대해서 알려면 제대로 알든가."

"너 지금 게임 좀 이겼다고 나 무시하는 거냐? 바이러스는 인류 최초의 생물이야. 바보야, 그렇지 않으면 그때 살았던 동물이 무병장수하면서 아주 지금까지 살아 있을 거다. 너처럼 징글징글하게!"

"무식한 녀석, 게임만 못하는 줄 알았더니 공부도 못하는구나! 어떻게 바이러스가 인류 최초의 생물이 될 수가 있냐? 너 학교엔 공부하러 다니는 거냐? 아니면 자러 다니는 거냐? 너에게 있어 학교가 도대체 뭔지 알 수가 없구나. 하하하!"

"너, 지금 막 나가자는 거냐? 너, 따라와!"

게임에 진 것도 억울한데 무식하다는 말까지 들은 재훈이는 진실을 밝히기 위해 생물법정을 찾았다.

바이러스는 단백질로 이루어진 막 안에 DNA나 RNA 등의
유전 물질만을 담고 있는 아주 작은 개체입니다.
스스로는 증식이 불가능하며 숙주세포가 있어야만 증식할 수 있답니다.

여기는 생물법정

바이러스가 최초의 생물일까요?
생물법정에서 알아봅시다.

 재판을 시작하겠습니다. 생치 변호사, 변론하세요.

 에취, 쿵! 죄송합니다. 감기에 걸려서 그만……. 에취, 요즘 감기 참 독하죠. 하하!

 변론은 안 할 겁니까?

 에에, 감기도 바이러스 때문에 걸린다고 하죠? 바이러스 대단해요. 이런 만물의 영장이라고 하는 사람도 힘들게 만들고, 어이쿠! 감기약을 먹었더니 정신이 없네요.

 생치 변호사가 변론하기에는 무리가 있는 것 같으니 건너뛰고 비오 변호사, 변론하세요.

 바이러스가 최초의 생물이라고 말하기 전에 바이러스는 무엇인지부터 따져봐야 할 것입니다. 바이러스 연구가인 스몰해 박사를 증인으로 요청합니다.

키가 작달막한 스몰해 박사가 증인석에 앉았다.

 바이러스란 무엇인가요?

바이러스는 단백질로 이루어진 막 안에 DNA나 RNA 등의 유전 물질만을 담고 있는 아주 작은 개체입니다.

 바이러스도 미생물입니까?

 미생물이기 이전에 바이러스는 생물인지 무생물인지 구분하기 어려운 개체입니다.

 왜 그렇죠?

 왜냐하면 스스로 증식할 수 없거든요.

 그러면 무생물 아닙니까?

 하지만 감염을 통해 증식할 수 있기 때문에 완벽하지는 않지만 생명체라고 보고 있는 추세입니다.

 바이러스는 어떻게 증식하죠?

 우선 자신을 증식해 줄 숙주세포에 들어갑니다. 이때 바이러스 전체가 들어가는 것이 아니라 단백질 막 안에 있는 유전 물질만 숙주세포로 들어가는 것이죠. 이 유전 물질은 숙주세포 안에 있는 도구를 이용하여 유전 물질과 그것을 감쌀 단백질 막을 만들어 내서 둘을 조립합니다. 이로써 새로운 바이러스가 탄생하는 거죠.

 바이러스도 박테리아처럼 하나의 묶음으로 볼 수 있나요?

 우리는 모든 생물이 같은 조상에서 유래되었다는 가정 하에 유전자 분석을 통해 비슷한 것끼리 묶는데 특이하게도 바이러스는 유전자 분석을 하면 서로 유연관계가 없습니다. 즉 바

이러스끼리는 유전적으로 그렇게 큰 공통점을 찾을 수 없는 거죠.

 그럼 바이러스는 어디서 온 것입니까?

 연구가들은 바이러스가 기존에 있던 생명체로부터 빠져나온 유전자 조각이라는 가설을 믿고 있습니다.

 그럼 바이러스는 최초의 생물이 될 수 없군요.

 그렇습니다. 유전적 연관관계도 없을뿐더러 숙주세포 없이는 스스로 증식을 할 수 없기 때문에 바이러스가 최초의 생명체라고는 볼 수 없습니다.

 바이러스는 단백질 막 속에 유전 물질을 가지고 있는 간단한 개체입니다. 스스로 증식할 수는 없지만 숙주세포가 있으면 증식할 수 있기 때문에 불완전한 생명체로 보고 있습니다. 만약 바이러스가 최초의 생명체였다면 숙주세포가 없어서 증식조차 불가능하므로 최초의 생명체라고 볼 수 없습니다.

 바이러스는 숙주세포가 있어야만 증식하고 유전할 수 있는

 숙주세포

숙주세포는 스스로 영양을 공급하지 못하고 다른 미생물을 자신의 몸에 기생시켜서 영양을 공급하는 세포이다. 숙주세포는 자신의 성분에 대해서는 면역 반응을 일으키지 않지만 면역을 기억하며 다음에 동일한 항원에 대해 면역성을 가진다.

불완전한 생명체입니다. 거기다 서로의 유전적 연관관계도 없으므로 최초의 생명체라고 보기는 어렵습니다. 이상으로 재판을 마치겠습니다.

재판이 끝난 후, 재훈이는 바이러스가 최초의 미생물이었다는 자신의 주장이 틀렸다는 것을 알게 되었다. 그리고 이번과 같은 망신을 다시는 당하지 않으려고 수십 권의 미생물 관련 책을 사서 열심히 읽고 있다.

위 속에 사는 미생물

헬리코박터가 어떻게 위 속에서 살 수 있을까요?

이허약 씨는 오늘도 짐을 한가득 지고 회사에 간다. 회사에 가져가야 할 보고서와 서류 그리고 양손 가득 들려져 있는 약봉지 때문이다. 어려서부터 허약해 잔병치레를 자주 했던 터라 커서도 항상 비상시를 대비해 약을 가지고 다닌다. 그가 가지고 다니는 약은 수시로 먹는 건강 보조제를 포함해 그 종류만 해도 어마어마하다.

삼시 세 끼 밥을 기본으로 일어나자마자 먹는 약부터 아침 먹은 후, 점심 먹기 전, 점심 먹은 후, 저녁 먹기 전, 저녁 먹은 후, 그리고 마지막으로 자기 전에 먹는 약까지 그의 하루 일과는 약으로 시작해 약으로 끝난다고 해도 과언이 아닐 정도이다. 그나마 이것마저 하지 않으면 그의 약한 몸이 금세 탈이 나서 지금처럼 직장 생활을 하는 것은 꿈도 못 꾸었을 것이다. 그걸 잘 아는 이허약 씨이기 때문에 그는 항상 약을 자기 목숨처럼 챙겨서 가지고 다닌다.

"허약 씨, 또 뭐 먹어? 좋은 거면 좀 나눠 먹자고!"

"아, 예! 아시잖아요. 매일 먹는 그거예요."

그래서인지 회사 동료들은 그가 일하는 모습보다 약을 챙겨 먹는 모습이 더 익숙했고, 그가 약을 먹을 때면 나눠 먹자며 그를 놀리곤 했었다. 이런 유별난 그의 몸 관리 덕분에 그나마 지금의 몸 상태를 유지했지만 며칠 전부터 시작된 회사의 중요한 프로젝트를 맡고부터 야근이 잦아지면서 약을 챙겨 먹지 못하게 되었다.

"큰일이네. 야근 때문에 약을 못 먹은 지 꽤 된 것 같아. 아직까지 무리는 없지만 만날 먹던 걸 안 먹어서 그런지 몸도 조금 안 좋아지는 것 같고. 그래도 어쩌겠어, 이번 프로젝트가 중요한 만큼 약을 거르는 일이 있더라도 완벽하게 만들어 놔야지. 몸이 안 좋은 건 야근 때문도 있겠지만 기분 탓일 거야. 항상 먹던 약을 못 먹으니까 괜히 신경이 쓰여서 그런 거겠지."

야근을 하게 되면서 약을 꼬박꼬박 챙겨 먹지 못하게 된 이허약 씨는 몸이 점점 안 좋아지는 것을 느꼈지만 기분 탓일 거라며 애써 무시했다. 그렇게 엉망인 생활을 하던 일주일째, 이허약 씨는 몸이 점점 이상해지는 것을 느꼈다. 항상 속이 쓰리고 소화도 잘 되지 않는 것이다. 하지만 이허약 씨는 갑자기 불규칙한 생활을 한 탓에 그런 것이라고 결론짓고 아직 마무리 짓지 못한 프로젝트 작업을 계속 이어서 진행했다.

"허약 씨, 어디 아파? 안색이 별로 안 좋네."

"네, 며칠 전부터 속이 좀 쓰리네요. 요즘 일 때문에 피곤해서 그런가 봐요. 일 끝내고 좀 쉬면 다시 괜찮아지겠죠."

"그래도 혹시 모르니까 시간 내서 병원에 가 봐. 사람이 중요하지 일이 중요해?"

주변 사람들이 느낄 정도로 몸이 안 좋아졌다는 사실을 알게 된 이허약 씨는 겁이 덜컥 나서 일을 중단하고 회사 근처 병원을 찾았다.

"어디가 안 좋으셔서 오셨습니까?"

"저, 속이 너무 쓰리고 소화도 안 되는 것 같고……."

"그걸 가지고는 어떤 병명인지 알 수가 없으니까 우선은 자세한 검사 몇 가지를 해 보죠. 그러고 나서 다시 이야기하도록 합시다."

이허약 씨는 병원에서 제시한 몇 가지 검사를 받았고 잠시 후 의사와의 상담이 이루어졌다.

"제가 위염에 대해 연구를 하고 있었는데 이허약 씨가 마침 위염에 걸리셨군요. 제가 자신 있는 분야이니만큼 빨리 쾌유하실 수 있도록 도와드리겠습니다. 그런데 검사 결과에서 조금 이상한 것이 발견되었습니다."

"네? 큰 병이죠? 이럴 줄 알았어요. 엉엉! 제가 며칠 동안 밤늦게까지 일한다고 챙겨 먹던 약도 거르고 그랬거든요. 선생님, 진실을 말해 주세요. 저는 다 받아들이겠습니다. 엉엉엉!"

"자, 죽는 병 아니니까 뚝! 위에서 정체불명의 미생물이 발견된 겁니다. 지금까지 이런 일은 저 역시 처음이지만 제 생각에는 이 미생물 때문에 이허약 씨가 아픈 것 같은데요. 이 미생물을 이틀 뒤에 열릴 예정인 미생물 학회에 보고해서 학회의 여러 사람들에게 자문을 구해 보겠습니다. 다행히 이 미생물의 정체를 알아내게 되면 이허약 씨의 병도 말끔히 고칠 수 있을 테니 걱정 마시고요. 오늘은 간단하게 복용하실 수 있는 약을 처방해 드릴 테니까 속이 많이 안 좋으시면 드세요."

그리고 이틀 뒤 의사는 이허약 씨의 몸에서 채취한 미생물을 가지고 학회에 참석했다.

"안녕하십니까? 저는 과학병원의 의사입니다. 제가 며칠 전 저를 찾아온 환자에게서 놀라운 것을 발견했습니다. 환자의 위에서 정체 모를 미생물을 발견했습니다."

학회 사람들은 술렁이기 시작했다. 분명 자신들이 알고 있는 지식으로는 사람의 위에서 미생물이 산다는 건 불가능했기 때문이었다. 그 때문에 의사는 자신이 발견한 미생물에 대한 여러 증거 자료를 가지고 갔음에도 불구하고 미생물에 대해서 아무것도 모르는 사람이라는 야유를 들어야 했다.

"저는 미생물 전문가입니다. 의사 선생님께서 뭔가 착각을 하고 계신 것이 있나 본데 위에서는 미생물이 살 수 없습니다. 의사 선생님, 혹시 대학 시절 수업 시간에 주무셨던 거 아닙니까? 하하하!"

자신이 고민하고 있던 문제에 대해 학회 사람들과 함께 해답을 찾으려고 했던 의사는 오히려 그들로부터 비웃음을 사게 되자 그들의 태도에 분노를 느끼기 시작했다.

"사람의 생명과 직결되는 일일지도 모르는데 자신들이 믿어 왔던 지식과 다르다고 해서 이렇게 무시를 하다니! 자신들이 미처 발견하지 못한 세상에 또 다른 진실이 숨겨져 있다는 걸 모르는 사람들과 얘기하려고 했다니, 정말 내가 한심스럽군."

한편 이허약 씨는 자신의 위 속에서 자라고 있는 미생물의 정체에 대한 소식을 하루하루 손꼽아 기다리고 있었다. 그의 몸에서 살고 있는 미생물의 정체는 과연 뭘까? 학회 사람들의 주장대로 의사가 착각을 하고 있었던 건 아니었을까? 결국 의사와 이허약 씨는 이 문제를 생물법정에 의뢰하기로 했다.

헬리코박터는 위염과 위암을 일으키는 병원성 세균입니다.
몸은 나선형으로 꼬여 있고 실 모양의 편모가 있어서
빠르게 이동할 수 있답니다.

위 속에 살고 있는 미생물은
무엇일까요?
생물법정에서 알아봅시다.

 재판을 시작하겠습니다. 생치 변호사, 변
론하세요.

 위에서 분비되는 위액에는 염산 성분이
들어 있습니다. 이 염산 성분은 위의 pH를 낮춰 주어 단백질
을 분해하는 효소를 활성화시키는 동시에 음식물 속의 미생
물을 죽이는 역할을 합니다. 한마디로 소독 작용을 하는 것이
죠. 그런데 그런 위 속에서 미생물이 살고 있다니 있을 수 없
는 이야기입니다. 그것도 저번 재판처럼 아케다랍니까?

 생치 변호사, 아케다가 아니라 아케아입니다. 아케아가 극한
환경에서 자란다고는 하지만 과연 위 속에선 어떤 미생물이
살고 있는지 나도 궁금하군요. 비오 변호사의 변론을 들어 보
도록 하죠.

 생치 변호사의 변론처럼 보통 상식적으로 생각했을 때 위 속
에 미생물이 살고 있다는 건 이해할 수 없는 현상입니다. 하
지만 이런 상식을 뒤엎는 미생물이 있습니다. 이 미생물에 대
해 설명해 주실 한꼼꼼 박사를 증인으로 요청합니다.

청진기를 목에 두르고 돋보기로 꼼꼼하게 이리저리 둘러보던 한꼼꼼 박사가 증인석에 앉았다.

 의뢰인이 발견한 미생물이 무엇입니까?

 헬리코박터 피로리군요. 이를 줄여서 헬리코박터라고 부르죠.

 헬리코박터는 어떤 미생물인가요?

 위염과 위암을 일으키는 병원성 세균입니다. 몸은 나선형으로 꼬여 있고 실 모양의 편모가 있어서 빠르게 이동할 수 있지요.

 헬리코박터가 어떻게 위 속에서 살 수 있죠?

 두 가지 방법이 있습니다. 한 가지 방법은 위 속에서 pH 7 정도로 중성인 가장 안쪽 점막세포에서 사는 것입니다. 또 다른 방법은 요소 분해 효소를 많이 만드는 겁니다. 위액에는 요소가 많은데 헬리코박터가 위액 속의 요소를 분해하는 것이죠.

 요소를 분해하면 위액이 어떻게 되나요?

 요소를 분해하면 탄산가스와 암모니아로 변하는데 이 암모니아는 염기성입니다. 따라서 산성인 위액을 중성화시켜 자신의 몸을 보호하는 거죠.

 요소 분해 효소 덕분에 헬리코박터가 위 속에서 살 수 있는 거군요.

그렇습니다. 그러나 신기한 것은 헬리코박터 스스로는 요소 분해 효소를 밖으로 분비할 수 없다는 겁니다.

몸 안에서 만들어 놓고 분비할 수 없다면 소용없는 것 아닙니까?

그렇죠. 하지만 한 헬리코박터가 터져 죽으면서 요소 분해 효소를 분비하면 그것을 주변 헬리코박터들이 마치 옷을 입듯 자신의 주변에 꽁꽁 쌉니다. 즉 한 친구의 희생으로 여러 명이 사는 것이죠.

헬리코박터는 어떻게 위염과 위암을 일으키나요?

원인이 된다고는 밝혀졌지만 아직까지 정확한 발병 경로는 모르는 실정입니다. 다만 항생제를 투여하여 헬리코박터를 죽일 뿐이죠.

좋은 말씀 감사합니다. 보통 위액은 산성이기 때문에 미생물이 살 수 없지만 헬리코박터라는 미생물은 여러 가지 수법으로 위 속에 살면서 위염이나 위암을 일으키는 병원성 세균입니다.

의뢰인이 발견한 미생물은 판독 결과 헬리코박터로 밝혀졌으며 이는 최근에 밝혀져 활발히 연구 중입니다. 하루빨리 헬리코박터가 어떻게 위염을 일으키는지 알아내서 위염으로 고통 받는 환자들에게 좀 더 효과적인 치료가 이루어지길 바랍니다. 이상으로 재판을 마치겠습니다.

재판이 끝난 후, 위 속의 미생물인 헬리코박터에 대한 연구가
활발히 진행되었고, 식품 업계에서는 헬리코박터를 죽일 수 있는
유산균이 들어 있는 새로운 요구르트 제품을 내놓았다.

 헬리코박터

헬리코박터는 1983년 와렌과 마샬이 발견했다. 헬리코박터는 몸통이 나선 모양이고 편모를 가지고
있는 세균으로서 위에 감염되어 여러 가지 위장병을 만든다.

계통수 이야기

물고기보다 원숭이가 사람과 더 가깝다는 것을 어떻게 알 수 있을 까요? 그리고 어떻게 동물, 식물, 미생물을 구분할까요? 초기에 과학자들은 외형적인 특징과 행동 등 눈에 보이는 것만으로 생물을 분류했습니다. 그러나 이는 한계가 있었지요. 앞에서 이야기한 아케아의 경우는 박테리아와 생김새가 비슷하지만 전혀 다른 성질을 가지고 있으니까요. 그러나 생명과학이 발달하고 DNA나 유전자 분석이 가능해지면서 이런 문제를 해결할 수 있는 실마리가 풀렸습니다.

과학자들은 유전자 분석으로 생물을 분류하기 시작했습니다. 우선 생물을 분류하기 전에 몇 가지 가설을 세웠습니다. 하나는 한 생명체에서 진화하여 지금의 다양한 생명체들이 존재하게 되었다는 것, 또 하나는 유전 물질이 진화를 거치면서 조금씩 일정하게 변한다는 것입니다. 이렇게 해서 만들어진 것이 '계통수'입니다. 즉 모든 생물은 공통 조상이라는 뿌리가 있고 생물의 종류를 상징하는 가지들이 뻗어 나간다는 것이지요.

계통수는 박테리아, 아케아, 진핵생물, 세 가지의 큰 가지로 나뉩니다. 첫 번째로 박테리아는 대장균 등 우리가 흔히 이야기하는 세균입니다. 아케아와 구분하기 위해서 박테리아라고 부르죠. 두 번째로 아케아는 최근에 발견되었는데 박테리아가 살 수 없는 극한 환경에서 살고 있는 생물을 말합니다. 아케아를 고균(오래된 균) 또는 시원세균으로 번역하여 부르기도 해요. 마지막으로 진핵생물은 사람을 포함하고 있는 군입니다. 진핵세포는 박테리아나 아케아와는 다르게 세포 속에 핵을 가지고 있어요. 세포의 크기도 나머지 둘보다 훨씬 크죠.

이렇듯 계통수는 다양한 유전자를 가진 다양한 생물을 보여 주고 있습니다. 여기서 계통수의 가지(생물의 종류) 사이의 거리가 가까울수록 유전적으로 비슷합니다.

생물의 계통수

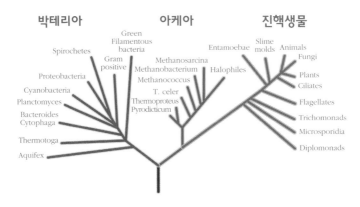

박테리아   아케아   진핵생물

Spirochetes
Green Filamentous bacteria
Gram positive
Proteobacteria
Methanosarcina
Methanobacterium
Methanococcus
Halophiles
Entamoebae
Slime molds
Animals
Fungi
Cyanobacteria
Planctomyces
T. celer
Thermoproteus
Pyrodicticum
Plants
Ciliates
Bacteroides
Cytophaga
Flagellates
Thermotoga
Trichomonads
Microsporidia
Aquifex
Diplomonads

페니실린을 발견한 플레밍(Alexander Fleming, 1886~1955)

영국 스코틀랜드에서 태어난 플레밍은 일곱 살 때 아버지가 돌아가시자 열세 살 때 런던으로 가서 안과의사인 형과 함께 살게 되었습니다. 그는 런던의 리전트 스트리트 종합 기술전문 학교에서 2년간 직업 전문 과정을 이수했지요. 학교를 졸업한 후 그는 해운회사의 말단 사원으로 들어가 여객선의 항로를 관리하고 장부를 정리하는 일을 했어요.

그 후 플레밍은 1900년에 런던 스코틀랜드 연대에 지원하여 군인이 되었죠. 군대 제대 후 무엇을 할 것인가 방황하다가 의사인 형의 영향을 받아 의사가 되기로 결심했습니다. 그때 스무 살이었던 플레밍은 1년 동안 열심히 공부하여 1901년에 성 메리 병원 의과대학에 수석으로 입학했고 대학 시절 그는 해부학과 생리학을 특히 좋아했답니다.

1906년에 의과대학을 졸업하여 의사 자격증을 받았지만 좀 더 공부하고 싶어서 대학 접종과에 남아 조교로 일했습니다. 당시 접종과에는 알모스 라이트라는 훌륭한 과학자가 있었는데 그는 파스퇴르의 백신 연구에 자극을 받아 자신도 새로운 백신을 찾는 연구에 몰두하게 됩니다.

1909년에 외과 의사 시험에 합격한 플레밍은 의사의 길 대신 라이트와 함께 연구를 계속했습니다. 1914년에 플레밍과 라이트와 몇몇 동료들은 왕립군사의무단에서 일하게 됩니다. 그곳에서 그는 패혈증과 파상풍같이 세균에 감염되어 고생하는 환자를 보게 되었죠. 그 당시에는 세균 감염으로 고생하는 환자들을 치료하는 방법이란 고작 감염된 부위를 절단하는 끔찍한 방법이 사용되고 있었습니다.

플레밍은 페놀, 붕산, 과산화수소수와 같은 화학 물질을 상처 부위에 발라 소독을 하여 세균을 죽이려고 해 보았지만 이 방법은 오히려 감염된 세균을 물리치는 백혈구 세포를 죽이기 때문에 그리 좋은 결과를 낳지 못했습니다. 그 후 많은 연구가들이 세균을 직접 죽여 질병을 치료하는 방법을 찾으려고 노력했고 그의 연구도 자연스럽게 그 방향으로 진행되었습니다.

플레밍은 천성이 게으르고 깔끔하지 못했어요. 그래서 세균을 배양하는 페트리 접시를 잘 보관하지 않아 접시가 자주 오염되곤 했고 다 쓴 접시를 치우지 않아 실험실에는 수십 개의 접시들이 쌓여 있곤 했답니다. 그런데 그의 이런 게으른 습관이 20세기의 가장 중요한 의학 혁명을 가지고 왔답니다.

그는 포도상구균(공 모양으로 생긴 세균의 한 종류)을 연구하고 있었는데 이 세균은 포도송이처럼 동그란 공 모양의 세균이 모여 있어 그런 이름이 붙었습니다. 포도상구균은 사람의 몸속에 들어가면 피부병을 일으키는 해로운 세균인데 그가 어느 날 배양하던 포도상구균 접시에 푸른곰팡이가 피어 있는 것을 발견했어요. 접시를 깨끗하게 관리하지 않았기 때문에 생긴 것이었지요. 이렇게 세균을 배양하는 접시에 곰팡이가 피면 사용할 수 없기 때문에 그는 곰팡이가 핀 접시를 골라내기 시작했습니다. 그런데 놀라운 일이 벌어졌어요. 푸른곰팡이가 핀 접시에서는 포도상구균이 보이지 않고 대신 곰팡이를 둘러싼 투명한 띠가 발견된 것입니다. 물론 곰팡이가 피지 않은 접시에서는 포도상구균이 잘 자라고 있었죠.

플레밍은 푸른곰팡이에 포도상구균을 죽이는 어떤 물질이 들어 있을지도 모른다는 가설을 세웠습니다. 그는 이 사실을 다른 동료들에게 설명했지만 아무도 그의 가설에 관심을 두지 않았어요. 하지만 플레밍은 자신의 가설을 믿었고 이렇게 포도상구균을 죽이는 푸른곰팡이에 들어 있는 항생 물질에 페니실린이라는 이름을

붙었습니다.

플레밍은 푸른곰팡이로부터 더 많은 페니실린을 만들기 위해 실험실에서 일부러 푸른곰팡이를 배양했습니다. 이렇게 푸른곰팡이를 많이 길러낸 그는 푸른곰팡이가 핀 접시에 여러 가지의 세균을 접종했습니다. 그런데 어떤 세균들은 죽었고 어떤 세균들은 죽지 않았죠. 그래서 그는 페니실린이 모든 세균을 죽이는 것이 아니라 어떤 특정한 세균들만 죽인다는 것을 알아냈습니다. 그 결과 페니실린이 폐렴, 매독, 임질, 디프테리아, 성홍열을 일으키는 세균을 죽일 수 있다는 것을 알아냈지요. 더불어 장티푸스, 인플루엔자, 이질과 같은 세균은 죽이지 못한다는 것도 알게 되었답니다.

그는 페니실린이 살아 있는 동물에게 어떤 영향을 주는지를 알아보기 위해 쥐와 토끼에게 페니실린을 주사해 보았습니다. 물론 실험 결과 토끼와 쥐는 아무 이상이 없었죠. 이제 남은 문제는 푸른곰팡이로부터 충분한 양의 페니실린을 추출하고 이를 농축하여 임상실험을 하는 일이었습니다. 거듭되는 실험 실패와 사람들의 평가에 실망한 플레밍은 1932년부터는 페니실린 연구에서 손을 뗐습니다.

그러던 중 1940년에 옥스퍼드 대학에 근무하던 플로리와 체인이 푸른곰팡이에서 페니실린을 순수하게 분리하는 데 성공했습니다. 그들은 50마리의 쥐에게 치사량의 세균을 주입한 뒤 25마리의 쥐는 그대로 놔두고 25마리의 쥐에게는 페니실린을 주사했습니다. 결과는 페니실린을 맞은 쥐만 살아남았답니다. 이 소식을 들은 플레밍은 당장 옥스퍼드 대학으로 달려가 그들의 페니실린 분리를 축하해 주고 페니실린에 관한 많은 정보를 나누었습니다.

과학성적 끌어올리기

　1942년, 플레밍의 형 램퍼트가 갑자기 뇌와 척수를 둘러싼 막에 세균이 감염되는 수막염을 앓아 죽어 가고 있었죠. 의사들은 램퍼트에게 여러 약을 주사했지만 전혀 나을 기미가 없었죠. 플레밍은 형의 척추로부터 척수액을 추출해 현미경으로 관찰한 결과 척수액 속에 독성 세균이 있다는 것을 알아냈습니다. 곧 옥스퍼드 대학의 플로리에게 페니실린을 보내 달라는 편지를 보냈고 플로리는 충분한 양의 페니실린을 보내 주었습니다. 그는 매일 세 시간 간격으로 페니실린을 형에게 주사했습니다. 이렇게 7주 동안 페니실린을 투여하자 형은 기적적으로 살아났습니다.

　이렇게 페니실린이 세균에 감염된 부위를 치료할 수 있다는 사실이 알려지면서 페니실린은 전쟁 중 부상자의 치료에 많이 쓰이게 되었습니다. 그리고 옥스퍼드 대학의 연구팀과 미국 일리노이 주의 농업연구소가 페니실린을 대량 추출하는 방법을 개발하면서 1944년에는 페니실린의 생산량이 급속히 증가했습니다.

　1943년, 플레밍은 페니실린 발견에 대한 공로로 영국 왕립학회 회원이 되었고, 이듬해에는 영국 왕으로부터 기사 작위를 받았답니다. 그리고 1945년에 플레밍과 플로리와 체인은 페니실린을 발견한 업적으로 노벨 생리의학상을 수상했습니다.

병과 미생물에 관한 사건

껌과 충치

충치를 일으키는 연쇄상구균을 퇴치하는 방법은 없을까요?

사탕마을의 김 이장은 오늘도 온 동네를 돌아다
니느라 하루가 짧기만 하다.

"어이, 박씨! 준비 다 했지? 다음 달에 있을 우
리 동네 축제 말이야! 잘 좀 준비해. 작년에도 우리가 축제 대회에
서 일등을 했으니 이번에도 그걸 이어 나가야지."

"자네가 이렇게 꼼꼼하게 챙기는데 어디 한눈 팔 사이나 있겠
나? 우리 집은 차근차근 준비해 나가고 있으니까 다른 집이나 살
펴보게!"

"역시 자넬세! 그럼 가네."

"어이구, 할머니! 안녕하세요? 요즘은 좀 어떠세요? 저번 주에 시내에 있는 치과 다녀오셨다는 이야기는 들었어요."

"그르랑그그르릴기치 무에르다르라지그르있스?"(그냥 그렇지 뭐. 달라질 것 있겠어?)

할머니는 몇 달 전부터 이가 좋지 않아 고생을 하시다가 며칠 전 치과에 가서 몇 개 남지 않은 치아 중에서 또 두 개를 뽑으셔야 했다. 동네 사람들의 사정을 누구보다 잘 알고 있는 김 이장은 몇 개 남지 않은 이 때문에 제대로 말도 못하시는 할머니를 보니 너무 속상했다.

마을 이름에서부터 알 수 있듯이 사탕마을에선 사탕이 유명하다. 그 때문에 마을이 유명해져서 찾아오는 사람이 많아지면서 동네 사람들의 수입은 늘었지만 이가 아프다고 호소하는 사람들도 함께 늘어났다. 동네 사람들은 너도나도 치과에 다니느라 고생이 이만저만이 아니었다. 그러다가 하나 둘씩 상해 가는 이를 그저 그러려니 하고 받아들이게 되었고 빨리 상하는 치아 역시도 사탕만큼이나 마을 사람들에게는 익숙해졌다.

"큰일이군! 동네 아이부터 어른까지 모두 이가 안 좋으니, 무슨 방법을 찾든가 해야지 이래 갖고는 정말 한 달 생활비를 몽땅 치과에다 쓰겠어."

그 순간 김 이장은 매년 치르는 사탕 축제에 무슨 변화를 줄까 고민했던 것이 생각났다.

"아하! 그래, 사탕 축제 대신에 건강한 치아 축제를 여는 거야. 이런 축제는 아직까지 한 번도 열린 적이 없었기 때문에 다른 어떤 축제보다 더욱 신선할 거야. 거기다가 치아가 나쁜 동네 사람들을 위해 정말 좋은 기회가 될 것 같아."

김 이장은 매년 개최해 오던 사탕 축제를 포기하고 건강한 치아 축제를 열기로 결심했다. 그리고 동네 사람들에게는 큰 변화가 될 것임을 고려해 건강한 치아 축제에 대한 계획을 구체적으로 세운 후에 사람들에게 본격적으로 말할 생각이었다.

"좋은 생각 어디 없을까? 아하, 옆 동네 시장의 과일 가게 주인이 그런 생각을 잘해 내지. 가서 좀 상의를 해 봐야겠군."

김 이장은 과일 가게 주인을 만나기 위해 시장으로 발걸음을 재촉했고, 김 이장이 과일 가게에 도착했을 땐 사장이 누군가와 함께 이야기를 나누고 있었다.

"김 이장, 여긴 웬일인가? 오랜만이네. 아참, 인사하지. 여기는 우리 집 앞에서 약 파는 친구야. 말을 어찌나 잘하는지 사람들이 이 사람 말하는 걸 듣다 보면 약을 사지 않고는 못 배길 정도라니까~!"

"사장님, 칭찬이 너무 과하시네요. 제가 워낙에 말하는 걸 좋아해서 그런 거죠. 이 입으로 먹고 살려다 보니까. 하하하하!"

"어쨌든 그런 재능이 있으시고 대단하시네요. 그러고 보니 참 치아가 건강하시네요. 희고 튼튼해 보이고……."

"그럼요~! 제가 치아 관리를 얼마나 열심히 하는데요."

"때마침 잘됐네요. 우리 동네에서 요번에 건강한 치아 축제를 열려고 하는데 좋은 정보 있으시면 알려 주세요. 그리고 내가 자네 가게를 찾아온 이유도 그 때문이야. 아이디어 괜찮은 거 없어? 아직 나 혼자만의 구상 단계인데, 자네하고 상의를 한 뒤에 좀 괜찮은 아이디어가 있으면 진행을 해 볼까 해서."

"사람들의 반대가 만만치 않을 텐데. 그래도 보자, 생각을 좀 해 보면……."

과일 가게 사장과 함께 많은 이야기를 나눈 김 이장은 이게 마을 사람들에게는 사탕 축제를 하는 것보다 훨씬 좋은 기회일 것이라고 생각하고 마을 사람들에게 구체적으로 이야기를 꺼내 보기로 결정했다. 그리고 그 옆에서 둘의 대화에 귀를 쫑긋 세우고 듣고 있던 또 다른 한 사람, 바로 약장수였다.

'충치에 좋은 것이라……. 또 파는 것 하면 날 빼놓으면 서운하지. 거기다가 딱 보기에도 내 치아가 좋아 보이니 더욱 좋은 조건이군. 그럼 계획을 짜 봐야겠어.'

"저기 이장님, 저도 괜찮은 아이디어가 하나 있는데요. 제가 이렇게 치아가 좋은 이유 중의 하나가 제가 특별히 주문해서 만든 껌 때문이거든요. 원래 충치라는 게 세균이 이를 갉아먹어서 생기는 거잖아요. 그런데 이 껌이 이를 튼튼하게 만들어 줘서 세균이 이를 갉아먹지 못하게 만들어 주거든요."

"그렇게 좋은 껌이 있다니! 축제 때 동네 사람들에게 알려 줘야 겠어요. 그 껌 좀 살 수 있을까요?"

약장수의 말을 듣던 김 이장은 충치 예방에 정말 효과적인 껌이 라는 생각에 축제 때 그 껌을 팔기로 마음을 먹었다. 그리고 마을 로 돌아온 이장은 자신의 계획에 대해 동네 사람들에게 이야기를 했고 그의 좋은 의도를 안 사람들 역시 그의 의견에 흔쾌히 동의 해 주었다. 그리고 시간이 흘러 축제날이 되었고 약장수 역시 자 신이 말했던 껌을 가져와 팔기 시작했다.

말을 잘하는 그였던 만큼 축제날 그 누구보다 많은 껌을 팔았고 사람들은 저마다 이제 충치로 고생할 일 없을 거라는 기대를 했 다. 하지만 몇 달이 지나도록 껌을 씹어도 충치는 줄어들지 않았 고 오히려 더 많은 사람들이 치과에 다녀야만 했다.

"이장님, 축제 때 껌 팔던 그 사람, 아무래도 사기꾼 같아요. 그 껌만 씹으면 이가 튼튼해진다더니 오히려 충치가 더 생긴 것 같아 정말 속상해 죽겠어요."

하루에도 몇 번씩 이런 말을 들어야 했던 이장은 자신이 축제에 초대했던 약장수였던지라 동네 사람들에게 더욱 미안한 마음이 들었다. 그리고 그 껌을 산 자신 역시도 충치가 낫기는커녕 이가 더 아파 오자 사기를 당했다는 생각이 들어 슬슬 화가 나기 시작 했다. 하지만 그 껌을 판 약장수는 축제가 끝나자마자 종적을 감 춰 버렸고 전화 통화 역시 불가능했다. 결국 이장은 자신과 동네

사람들을 상대로 약장수가 사기를 쳤다는 결론을 내리고 생물법
정에 약장수를 고소했다.

충치를 유발시키는 연쇄상구균은 이 표면에 플라크라고 하는
두꺼운 층을 만드는데 이 층에 푸조박테리움이라고 하는
미생물이 달라붙어 플라크를 더 두껍게 만듭니다.

**껌을 씹으면 충치가
생기지 않을까요?**
생물법정에서 알아봅시다.

 재판을 시작합니다. 먼저 피고 측 변론하
세요.

 껌은 치아 건강에 좋은 거 아닌가요? 쥐
를 보세요. 매일 이를 벽에다 갈아서 이가 튼튼해지잖아요?
사람은 쥐처럼 이를 갈 수 없으니까 껌을 이용해 치아를 튼튼
하게 유지할 수 있다고 생각합니다.

 재판장님, 지금 피고 측 변호인은 아무런 과학적 근거가 없는
변론을 하고 있습니다.

 좋아요. 그럼 원고 측 변론하세요.

 우리는 쉽게 충치를 벌레나 세균이 갉아먹어서 생긴다고 생
각합니다. 하지만 사람의 이가 세균이 갉아먹을 만큼 맛있고
영양가가 많은 것일까요? 치과 의사 치카푸 씨를 증인으로
요청합니다.

유난히 반짝이는 하얀 이를 드러내며 치카푸 씨가
증인석에 앉았다.

충치는 무엇 때문에 생기는 거죠?

 입속의 미생물이 영양분을 이용하여 발효하는 과정에서 생기는 유기산 때문입니다.

 입속에도 미생물이 살고 있습니까?

 당연하죠. 입속은 매우 많은 영양분이 있기 때문에 미생물이 살기에 아주 좋은 환경입니다. 우리가 침을 분비하여 미생물이 자라는 걸 막으려고 하지만 그것만으로는 역부족이죠.

 충치를 일으키는 미생물은 무엇이죠?

 여러 미생물들이 있는데 대표적으로 연쇄상구균이 있습니다.

 연쇄상구균이 어떻게 충치를 일으키죠?

 먼저 연쇄상구균은 이 표면에 치태(플라크)라고 하는 두꺼운 층을 형성합니다. 이 층에 푸조박테리움이라고 하는 미생물이 달라붙어 치태를 더 두껍게 만들죠. 이들은 입속의 영양분을 이용해서 발효를 하는데 이때 유기산이 발생합니다. 이 유기산은 이 표면의 칼슘을 없애는 역할을 해요. 이렇게 해서 미생물은 이 표면에 구멍을 내고 그 안의 층들도 전부 파괴함으로써 충치를 발병케 하는 겁니다.

 연쇄상구균이 충치의 직접적인 원인이군요.

 그렇습니다. 연쇄상구균 중에서도 소브리누스균과 무탄스균이 가장 큰 역할을 합니다.

 어떤 역할을 하죠?

 소브리누스균은 이에 가장 먼저 달라붙고 무탄스균은 당분과 같은 영양분을 먹어 덱스트란이라는 끈적거리는 물질로 바꿉니다. 이 물질을 이용해 이에 철썩 달라붙는 것이죠.

 충치를 예방할 수 있는 방법은 무엇입니까?

 양치질을 해서 이에 붙은 영양분을 닦아 내는 것이 최선의 방법입니다. 그리고 될 수 있으면 탄산음료나 사탕 등 당분이 많은 음식은 섭취하지 않는 것이 좋죠.

 최근 자일리톨이 충치 예방에 좋다고 하는데 자일리톨은 무엇이죠?

 자일리톨은 당분과 비슷하게 생겨서 무탄스균이 당분인 줄 착각하고 먹습니다. 그러나 자일리톨은 소화시킬 수 없기 때문에 다시 뱉어 내고 또 다시 당분인 줄 알고 먹습니다. 이렇게 반복을 하다 결국 무탄스균은 굶어죽게 되는 것이죠. 충치의 원인인 균이 죽으니 자연스럽게 충치를 예방하는 셈이지요.

 무탄스균이 불쌍하게 느껴지는 건 왜일까요? 좋은 말씀 감사합니다. 충치는 입속의 충치를 일으키는 미생물들이 영양분을 이용하여 유기산을 만들어 내고 유기산이 이에 구멍을 내어 그 속으로 미생물들이 들어가 이를 파괴하는 것입니다. 그런데 피고가 개발한 껌에는 자일리톨 성분도 없었으며 오히려 세균이 자라는 것을 도와주는 성분들만 들어 있어 치아 건강에 나쁜 영향을 준다고 생각합니다.

증인의 말을 종합해 보니 껌이라고 다 같은 껌이 아니군요. 약장수가 자일리톨 성분이 전혀 없는 껌을 충치 예방에 좋다는 거짓말로 주민들에게 판매한 게 밝혀졌습니다. 약장수는 주민들에게 사과하고 피해 보상 차원에서 그들에게 칫솔과 치약을 선물하시기 바랍니다. 이상으로 재판을 마치겠습니다.

재판이 끝난 후, 많은 제과 회사에서는 자일리톨이 들어 있는 새로운 껌을 개발해 시판하기 시작했고, 자일리톨이 충치 예방에 좋다는 소문 때문에 이 껌은 불티나게 팔렸다.

 자일리톨

자일리톨(xylitol)은 알코올 성분의 당분으로 단맛을 내기 때문에 설탕 대신 사용되고, 특히 설탕을 먹을 수 없는 당뇨병 환자에게 사용된다. 최근에는 자일리톨을 세균이 분해할 수 없다는 사실이 알려지면서 치아를 보호하는 데 효과적이라는 사실이 알려져 있다.

무좀도 감기처럼 옮는 걸까?

건강한 발에 무좀균을 바르면 어떻게 될까요?

작은 호텔을 운영하는 박 여사는 오늘도 자신의
남편을 향한 잔소리로 하루를 시작한다.

"여보, 내가 말했잖아요. 수건을 썼으면 빨래통
에 넣어 두라고! 그리고 손이나 얼굴 한 번만 닦은 거면 걸어 뒀다
가 다시 써도 되고, 왜 만날 한 번 쓰고 아무 데나 던져둬요! 정말
내가 하루 종일 쫓아다니면서 치워야 해요?"

"아~ 알았어. 실수한 거야, 실수. 하하하하! 다음부터 조심할게."

"만날 다음부터 안 한다고 말만 하지 말고 제발 좀 실천을 하
세요!"

수건을 한 번 쓰고는 항상 여기저기 던져두는 게으름 때문에 그녀는 항상 남편을 베짱이라고 부른다. 그것도 그럴 것이 손 한 번 닦고 내팽개쳐 놓고, 얼굴 한 번 닦고 내팽개쳐 놓고, 이렇게 쓰는 수건이 하루에만 수십 장이기 때문이다. 그 때문에 쉴 틈 없는 그녀는 혼자 호텔을 운영하는 것도 벅찬데 남편 때문에 항상 골머리를 앓는다.

"정말 호텔에 있는 수건은 자기가 혼자 다 쓴다니까. 손님들이 묵고 가면서 쓰는 것보다 자기 혼자 쓰는 게 어떻게 더 많을 수가 있어? 정말 속상해."

"사장님, 왜 그러세요? 무슨 문제 생겼나요?"

"내가 이렇게 속상해하는 이유야 뻔하지. 우리 남편 때문이지 뭐. 그거 기억나? 며칠 전에 갑자기 단체 손님 왔을 때 우리 모두 고생한 거. 남편이 수건을 다 쓰는 바람에 객실에 나갈 수건이 모자라서 엄청 고생했잖아."

"아, 그거요. 하하하하! 그때 엄청 고생했죠. 손님들은 왜 수건 안 주냐고 그러지, 우리는 아무리 찾아도 수건이 없지, 마지막으로 사장님 집에 들렀다가 놀랐잖아요. 우리 호텔 수건 다 거기 있어서……. 하하하! 그래도 오늘은 좀 웃으세요. 단체 손님 오시잖아요. 객실도 꽉 차는데 이보다도 즐거운 일이 어디 있겠어요?"

"가끔 이렇게 즐거운 일도 없으면 내가 어떻게 살겠니? 그럼 마지막으로 객실 깨끗한지 확인 좀 해 줘."

박 여사의 얼굴이 오늘 그나마 밝은 것은 단체 손님이 들어 호텔의 모든 방이 예약되었기 때문이다. 호텔을 경영하며 겪는 일들이 자기 삶의 전부인 그녀이다.

'따르르릉~!'

"네, 객실 단체 예약한 사람인데요. 이제 거의 다 도착했으니까 준비 좀 해 주세요."

객실 청소를 마치자마자 찾아온 손님들을 예약된 방으로 안내해 준 박 여사가 제일 먼저 확인한 것은 여분의 수건이 있는지 하는 것이었다.

"오늘 저녁, 내일 아침까지 딱 맞네. 다행이네! 빨래 담당하시는 분도 안 나오셨는데 모자라면 어쩌나 했어."

단체 예약 손님들은 하룻밤을 묵기로 되어 있었고, 조금이라도 좋은 인상을 주기 위해 박 여사는 서비스에 최선을 다했다. 그렇게 박 여사는 밤새 카운터를 지켰고 아침이 되자 손님들은 하나둘씩 짐을 챙겨서 자신들의 목적지를 향해 출발했다. 박 여사는 한꺼번에 많은 손님을 신경 쓰느라 밤을 꼬박 새며 고생한 직원들을 위해 그날 하루 영업을 쉬기로 했다.

"어제 고생들 많았어. 오늘은 호텔도 하루 쉴 테니까 집에 일찍 들 퇴⋯⋯."

'딩동!'

"여기 방 좀 주세요."

"저희가 오늘은 영업을 하지 않습니다."

"죄송해요. 근처에 방들은 다 차서 갈 곳이 없더라고요. 이 호텔 아니면 이제 잘 곳이 없어요. 뭐 특별한 부탁은 하지 않을 테니 그냥 방만 주세요."

혼자 찾아온 손님의 딱한 사정을 무시할 수 없었던 박 여사는 직원들을 모두 퇴근시키고 자신 혼자 손님을 맞았다.

"뭐 어차피 한 분이시니까 나 혼자서…… 아차, 수건! 남은 수건이 없을 텐데."

박 여사의 머릿속을 스치는 생각이 하나 있었으니 바로 여분의 수건이 없다는 것이었다. 단체 손님의 몫으론 딱 맞는 개수였지만 생각지도 못한 손님의 것까지는 준비되어 있지 않았다. 하는 수 없이 자신의 집에 있는 수건이라도 챙겨 주려고 했지만 남편이 다 써버렸을 것이라는 불길한 생각이 들었다. 하지만 나중에 새것으로 바꾸어 주더라도 당장 쓸 것이 필요할 테니 남편이 손이나 얼굴만 닦은 비교적 깨끗한 수건으로 가져다 줄 생각이었다.

"여보, 수건!"

"당신이 이 시간에 웬일이야? 호텔은 어쩌고? 그나저나 큰일이야. 내 발에 무좀 생겼어. 며칠 전부터 이랬는데 큰일이야. 방금 발 씻고 수건으로 닦았는데도 이래. 무좀이 확실한가 봐."

"지금 당신 이야기 들어 줄 시간 없어요. 여기 있는 수건들 다 손 닦은 거 맞죠? 이거 가져가요."

"아니, 발 닦은 것도 있는데."

급한 마음에 남편의 이야기는 듣는 둥 마는 둥 허겁지겁 아래 객실로 내려와 그 수건들을 걸어 놓았다.

"우선 수건은 이거 쓰시고요. 나중에 다시 가져다 드릴게요. 그럼 편히 쉬세요."

자신이 손님에게 건네준 수건 속에 남편의 무좀 걸린 발을 닦은 수건도 들어 있다는 걸 까맣게 모르고 있는 박 여사는 일단 안도의 한숨을 쉬었다. 손님은 하루 종일 여행하느라 너무 피곤해서 박 여사가 건네준 수건으로 발과 얼굴만 닦고 침대에 누웠다. 그리고 다음 날 아침 손님은 고맙다는 인사를 남기고 호텔을 떠났고, 박 여사는 자신의 집에서 쓰던 수건을 가져다준 것이 조금 마음에 걸리긴 했지만 급한 상황이었고 남편이 손만 닦은 것이기 때문에 괜찮을 거라는 생각을 했다. 하지만 며칠 뒤 그 손님이 호텔을 다시 찾아왔다.

"저번에 오셨던 분이시네요."

"그날 저한테 주신 수건이 아무래도 이상해서 왔어요. 그날 이후로 제 발에 무좀이 옮았다고요. 아무리 생각해도 옮을 곳이 여기밖에 없어요. 어쩌실 건가요?"

"아니, 무슨 소리를 하시는 건지……."

하지만 그때 그녀의 머릿속에 남편이 무좀이 생겼다며 방금 그 수건으로 발을 닦았다는 말이 스쳤다. 당시엔 너무 바빠서 그 말을 그냥 지나쳤는데 손님의 주장대로 자신이 건네준 수건 때문에 그럴 수도 있겠다는 생각이 들었다. 하지만 자신이 집에서 쓰던 수건을 줬다는 사실을 알게 되면 호텔 이미지에 큰 타격을 받을 거라는 생각에 일단은 모른 척하기로 했다. 더군다나 수건으로 무좀이 옮는다는 것이 확실하지도 않았다.

"글쎄요, 저희는 잘 모르겠습니다. 지금까지 그런 일로 항의하신 분도 없었고 일단 좀 잘 생각해 보세요. 다른 곳일 수도 있잖아요."

"제가 아무렴 한 번 생각하고 여기 찾아왔겠어요? 충분히 생각하고 온 거니까 발뺌하지 마시고 치료비나 변상해 주세요."

옥신각신 싸우던 두 사람, 결국 화가 난 손님은 박 여사를 생물법정에 고소하고 말았다.

곰팡이가 사람의 발에 살면서 일으키는 피부병을 무좀이라고 해요.
곰팡이는 피부 각질을 영양분으로 삼고 축축하고
따뜻한 발가락 사이와 살이 겹치는 부분에 서식합니다.

**무좀도 감기처럼
전염이 될까요?**
생물법정에서 알아봅시다.

 재판을 시작합니다. 먼저 원고 측 변론하
세요.

 무좀은 주로 발가락 사이에 생기는 것입

니다. 그리고 많은 사람들이 알고 있듯이 무좀은 전염성이 강

합니다. 그러므로 호텔에서 손님에게 무좀균이 전염되었다고

생각할 수밖에 없으므로 호텔 측에서 변상을 해야 한다고 생

각합니다.

 원고 측 변호사는 제발 과학적으로 변론해 주세요.

 제가 과학이 좀 짧아서요.

 어이쿠, 그럼 피고 측 변론하세요.

 여름철마다 기승을 부리는 무좀은 과연 무엇일까요? 피부과

전문의 반질해 씨를 증인으로 요청합니다.

　피부가 반질반질 윤기가 도는 반질해 씨가 증인석에

앉았다.

 무좀은 무엇인가요?

쉽게 말해 사람의 발에 곰팡이가 살면서 일으키는 피부병입니다.

 곰팡이가 우리 몸에 산다고요?

 그렇습니다. 이 곰팡이는 피부진균증이라는 건데 만약에 몸에 피면 피부진균증, 발에 피면 무좀이라고 일컫지요.

 곰팡이가 어떻게 피부에 살지요?

 곰팡이는 흔히 축축하고 영양분이 많으며 따뜻한 곳을 좋아합니다. 따라서 피부 각질을 영양분으로 삼고 땀이 차서 축축하고 따뜻한 발가락 사이라든가 살이 겹치는 부분 등에 살게 되는 것이죠.

 무좀이 여름에 잘 발생하는 이유가 땀 때문이겠군요.

 그렇습니다. 여름철에는 날씨도 덥고 땀도 잘 흘리기 때문에 곰팡이가 살기에는 아주 적합한 환경이지요.

 겨울철에는 무좀이 잘 발생하지 않는데 그때는 곰팡이가 모두 죽은 건가요?

 아닙니다. 겨울에도 피부에 달라붙어 있습니다. 다만 활동을 하지 않을 뿐이죠.

 무좀은 누구에게나 생길 수 있나요?

 무좀은 흔히 10대 이후의 남성들에게 많이 발견되고 여자와 어린이에게는 잘 발생하지 않습니다. 그러나 최근 어린아이에게도 무좀이 발생하는 경우가 있는데 이는 어릴 때부터 신발을 신기기 때문이라고 추정하고 있습니다.

 무좀은 쉽게 전염되는 병인가요?

 우리가 흔히 무좀은 전염성이 강해서 목욕탕이나 탈의실에서 쉽게 옮겨진다고 생각하지만 실제로 그렇지 않습니다. 건강한 발에 곰팡이를 옮겨 놓아도 무좀이 생기지 않습니다. 무좀 환자와 살아도 무좀이 옮지 않는 경우도 있죠. 또 맨발로 다니는 사람에게 무좀은 잘 생기지 않습니다. 통풍이 잘 되기 때문이죠.

 무좀을 예방할 수 있는 방법이 있나요?

 가장 중요한 것은 발을 매일 씻되 완전히 말리고 특히 발가락 사이를 잘 말려야 합니다. 특히 여름철에는 꼭 끼는 신발을 신지 않도록 하고 가급적이면 샌들을 신는 것이 좋습니다. 양말은 반드시 땀 흡수가 잘 되는 면양말을 신고 하루 한 번 이상 갈아 신어야 합니다. 그리고 가급적이면 집 안에서만이라도 맨발로 지내는 것이 좋습니다.

 무좀은 평생 달고 사는 병이라고 말할 만큼 치료가 어려운 병입니다. 이 무좀은 곰팡이에 의해 생기는 것으로 사람들의 편견과는 달리 잘 옮지 않는 병입니다. 즉 자신의 발이 건강하다면 무좀을 일으키는 곰팡이를 아무리 발라도 무좀이 생기지 않는다는 거죠.

 판결하겠습니다. 무좀은 쉽게 전염되는 병이 아닌 게 밝혀졌

습니다. 그렇지만 손님에게 한 번 사용했던 수건을 쓰라고 준 것은 명백한 잘못입니다. 박 여사는 무좀 때문에 고생하는 손님에게 사과하고 앞으로는 깨끗하게 세탁한 수건만 사용하도록 하세요. 이상으로 재판을 마치겠습니다.

이 재판은 사람들의 관심을 불러 모았다. 많은 사람들이 알고 있었던 것과는 달리 무좀이 쉽게 전염되지 않는다는 것이 알려졌기 때문이었다.

 곰팡이

곰팡이는 구조가 가장 간단한 하등균류를 통틀어 이르는 말이다. 곰팡이는 동물이나 식물에 붙어살며 그늘지고 축축할 때 음식물이나 옷, 가구 등에 생긴다.

파리 때문에 수면병이 생겼어요

트리파노소마라고 하는 기생충이 몸속에 들어오면 죽는다고요?

사건속으로

과학시의 시장은 창밖을 보며 걱정을 하고 있었
다. 바로 옆 도시에 끊임없이 내리고 있는 비 때문
이었다. 다행히 가까이에 있는 과학시에는 부슬비
정도만 내리고 있어서 큰 피해는 없었지만 옆 도시는 연일 계속되
는 비 때문에 도시 전체가 초토화되고 있었다. 뉴스에선 피해가
얼마나 될지조차 예상을 못하고 있는 상황이었다.

"큰일이군! 저렇게 며칠째 비가 멈출 생각을 안 하니, 지금까지
사상자가 얼마지?"

"이렇게 계속되다간 모두들 죽을 겁니다. 오히려 살아남은 사람

이 있을지가 더 의문입니다."

그 소식을 접한 모든 사람들은 걱정을 했다. 도대체 얼마나 많은 사상자가 나올 것이며 재산 피해는 얼마 정도일 것이며 등등. 억수같이 내리던 비가 한 달쯤 지나서야 서서히 멈추기 시작했다.

"시장님, 드디어 비가 그치고 해가 나오기 시작했습니다."

사람들은 자신의 일처럼 비가 그친 소식을 반가워했고, 한 달 동안 내린 비로 인해 황폐해진 도시를 돕기 위해 너도나도 성금을 모으고 자원 봉사자들을 보내기 시작했다.

"정말 반가운 소식이군. 우리 시의 시민들이 저렇게 도움을 주는데 우리도 가만히 있을 순 없지. 우선은 비상약과 먹을 것과 입을 것을 챙겨서 보내 주고, 특히 우리 시의 의사들에게 연락해서 그쪽 도시의 다친 사람들과 병든 사람들에게 도움을 줄 수 있도록 하게."

시장은 정식으로 자원 봉사대를 만들어 옆 도시로 파견했고 과학시를 비롯한 주변 도시들 곳곳에서 도움의 손길이 이어졌다. 일주일을 단위로 1차 자원 봉사대를 철수시키고 2차 자원 봉사대를 파견하기로 했던 시장은 비서로부터 뜻밖의 소식을 전해 듣게 되었다.

"시장님, 큰일입니다. 옆 도시에 보낸 자원 봉사자들과 전혀 연락이 되지 않습니다."

"그게 무슨 말인가? 어제까지 모두들 봉사 활동을 순조롭게 진행하고 있다고 내일이면 과학시로 복귀한다는 연락이 오지 않았나?"

시장은 오랫동안 내린 비로 인해 위생 상태가 나빠진 도시에 있다 보니 돌림병이라도 돈 것이 아닐까 하는 생각이 들었다.

"우선은 파견하기로 예정되어 있던 2차 자원 봉사자들을 모두 철수시키고 사람들에게서 연락이 왜 오지 않는지 조사를 해 보게. 무슨 큰일이 난 것이 틀림없네."

사람의 목숨이 달린 일일지도 모르기 때문에 함부로 사람을 파견할 수 없었던 시장은 이러지도 저러지도 못한 채 전전긍긍하고 있었다.

"시장님, 결정적 단서를 찾았습니다. 며칠 전 그쪽으로 자원 봉사 파견을 나간 의사 한 분이 부인에게 쓴 편지를 찾았습니다. 사람들이 이상한 파리에 물린 후부터 잠이 들어 깨어나지 않았다는 내용입니다."

"뭐? 정말 미스터리한 일이군. 일단 중무장을 한 조사원을 보내서 자세하게 조사해 보도록 하게. 우리와 가장 가까운 도시에서 일어난 일이니 빨리 알아내서 조치를 취하지 않으면 우리 시에도 그 피해가 올 수 있네."

단서라고 잡은 유일한 편지에 황당한 내용이 적혀 있자 시장은 어떻게 행동해야 할지 고민을 했지만 시간이 지체될수록 더 큰 피해를 가져올 수 있다는 결론을 내리고 조사단을 조직하기로 결심했다. 시장은 직접 유능하고 건강한 조사원들을 선출하고 그들의 안전을 책임질 특수 옷까지 만들었다.

"긴급하게 알아내야 할 일이 생겼어. 옆 도시에 간 자원 봉사자들과 왜 연락이 끊겼는지 그 이유를 알아내는 거야. 시장님이 직접 부탁하신 일이야. 지금까지 단서로는 파리에 물린 후 잠이 든 사람들이 깨어나지 못하고 죽었다는데 직접 가서 확실하게 조사를 해 달라는군. 위험한 일이긴 하지만 우리보다 이 일을 잘해 낼 사람들이 없다니 우리가 해야지."

조사원들은 황당한 이야기에 어리둥절해하고 있었지만 이 일이 과학시 시민들 전체의 목숨을 위협할 수도 있는 일인 만큼 긴급한 일임을 모두 알고 있었다.

"위험한 일이긴 하지만 연구해 볼 만한 가치는 충분합니다. 더군다나 사람을 죽이는 파리라니 정말 흥미롭군요."

그들은 얼마 가지 않아 옆 도시에 도착했고 계속된 장마 때문에 도시의 형체는 알아볼 수 없었고 여기저기 죽은 가축들이 썩어 지독한 냄새를 풍기고 있었다. 조사원들은 본격적으로 조사에 착수했다. 그 도시에 오래 있을수록 자신들 역시 위험해질 수 있음을 모두들 잘 알고 있었다.

"정말 파리가 많군. 하지만 어떻게 저 파리가 사람을 죽일 수 있다는 거지?"

조사원들은 파리를 채집하고 혹시 다른 전염병이 있는 건 아닌지 알아보기 위해 도시 여기저기를 살폈다. 그러던 중에 조사원들

눈에 띈 것이 있었으니 과학시에서 보낸 1차 자원 봉사자들이었다. 조사원들은 그들의 맥박이 뛰는지를 확인해 보았지만 이미 모두 죽어 있었다.

갑자기 공포에 휩싸인 조사원들은 서둘러 자리를 뜨기 시작했다. 자신들이 가져온 연구 도구를 챙겨 다시 과학시로 복귀한 조사원들은 잡아온 파리에 대한 조사를 의뢰했다.

"모두들 파리에 물리지 않도록 조심하고 파리 채집통을 생물법정에 제출하도록 해."

수면병은 체체파리의 침샘에 존재하는 트리파노소마라는
기생충에 의해 생깁니다. 체체파리가 피를 빨 때 기생충이 몸속으로
들어오게 되고 이들이 중추신경계를 공격하면 잠에 빠져 죽게 된답니다.

**파리에 물려
죽을 수도 있나요?**
생물법정에서 알아봅시다.

재판을 시작합니다. 과연 파리가 사람을
죽일 수 있는지 생치 변호사, 먼저 의견을
말해 보세요.

파리가 더럽긴 해도 독사처럼 독을 가지고 있는 것도 아닌데
어떻게 사람을 죽이겠어요. 이건 말도 안 되는 소동입니다.
그렇죠, 판사님?

재판을 지켜봅시다. 그럼 비오 변호사, 의견을 말해 주세요.

병리학 박사 나골골 씨를 증인으로 요청합니다.

삐쩍 마른 몸으로 어깨는 축 처진 나골골 씨가 힘없
이 걸어 나와 증인석에 앉았다.

파리에 물린 사람들이 죽는 원인이 무엇이라고 생각합니까?

검사 결과 수면병 때문이었습니다.

수면병이란 게 무엇인가요?

여러 가지 증상이 나타나다가 잠을 자는 것처럼 혼수상태에
빠져 그대로 죽는 병을 얘기합니다.

 정말 무서운 병이군요. 원인이 뭔가요?

 트리파노소마라고 하는 기생충에 의해서입니다.

 기생충이 몸속으로 어떻게 들어오죠?

 파리 중에 체체파리라고 하는 파리는 사람의 몸을 쏘아 피를 빨아 냅니다. 꼭 모기 같죠. 이때 파리의 침샘에 있던 기생충이 사람 몸속으로 들어옵니다.

 기생충이 사람 몸속으로 들어왔을 때 어떤 증상을 보이나요?

 기생충이 피부로 들어오면 분열을 하는데 그 부위에서 염증 반응이 일어납니다. 파리에 물린 부위가 붓고 아프며 가려운 증상이 주로 나타나는데 궤양이 생기기도 하지요. 이는 2~3주 이내에 자연적으로 없어지고 딱지가 생깁니다. 이 상태에서 자연적으로 낫기도 해요. 그러나 기생충이 림프절에 침범하면 불규칙하게 열이 오르내리고 식은땀을 흘리게 됩니다. 그 후 두통이 오고 식욕이 떨어지는 등 여러 가지 증상을 보이다가 기생충이 중추신경계를 침범하면서 수면병이 시작됩니다.

 사람끼리는 전염이 되지 않나요?

 체체파리에 의해서만 잘 옮겨집니다. 또 이 수면병은 사람뿐만 아니라 동물도 걸리는 병이지요.

 수면병을 고칠 수 있는 방법은 있나요?

 체체파리에 물렸을 경우 곧바로 병원으로 가서 치료를 받으면 나을 수 있지만 병이 한참 진행되었을 때는 고칠 수 없는 병입니다. 따라서 조기 발견과 치료가 절실히 필요하죠.

 수면병을 예방할 수 있는 방법은 무엇인가요?

 수면병을 일으키는 기생충은 자꾸 변하기 때문에 백신을 만들어 내기가 어렵습니다. 따라서 파리에게 물리지 않도록 하는 것이 최선의 방법입니다. 그리고 파리가 서식하는 지역을 소독하거나 없애서 기생충을 가진 파리를 제거하는 방법이 있죠. 만약 파리에게 물렸을 경우 곧바로 병원으로 가서 치료를 받는 것이 중요합니다.

 수면병은 체체파리의 침샘에 존재하는 기생충에 의해 생기는 병입니다. 체체파리가 피를 빨기 위해서 물었을 경우 그때를 틈타 기생충이 몸속으로 들어오게 되고 이들이 살다가 중추 신경계를 공격하면 잠에 빠져 깨어나지 못하고 죽게 되는 것입니다.

 수면병을 일으키는 무서운 파리가 이 세상에 존재한다는 놀

 기생충

기생충은 다른 동물에 기생하여 그로부터 영양분을 섭취하여 사는 동물을 통틀어 이르는 말이다. 사람에게 기생하는 기생충은 선충류, 흡충류, 촌충류 등 연형 동물에 속하는 내부 기생충과 이, 벼룩, 진드기 등과 같이 곤충류에 속하는 외부 기생충으로 나누어진다.

라운 사실을 알게 되었습니다. 과학공화국 사람들은 평소 청결에 더 많은 신경을 써 체체파리에게 물리지 않도록 조심하시기 바랍니다. 이상으로 재판을 마치겠습니다.

재판이 끝난 후, 과학공화국에서는 체체파리의 몽타주를 전국 보건소와 학교에 붙였다. 그리고 이 파리는 사람을 죽일 수 있다는 경고문도 함께 붙였다.

감기약은 존재할까?

왜 감기를 낫게 하는 약은 없을까요?

과학시의 유명한 제약 회사인 최고기업의 사장
은 요즘 일할 맛이 난다. 새로 출시한 상품이 출시
되자마자 큰 히트를 치고 판매량이 꾸준하게 늘고
있기 때문이다.

"사장님, 지난달 출시한 드링크제가 아주 반응이 좋습니다. 폭
주하는 주문량을 공장에서 감당해 내지 못할 정도입니다."

"아주 기분 좋은 소식이군. 공장을 24시간 가동해서 주문량을
맞출 수 있도록 하게."

"사장님, 그게…… 공장을 24시간 돌리더라도 드링크제를 만드

는 원료가 부족해서 좀 힘들 것 같습니다."

항상 다른 기업에 밀려 수익에서 재미를 못 보던 최고기업이었던 만큼 이번 기회를 그냥 놓칠 수는 없었다. 사장은 어떻게 해서든 주문량을 맞춰 볼 생각이었다. 전 직원을 동원해 여기저기 전화를 걸어 여분의 원료를 구해 보았지만 그 역시도 쉽지 않았다. 사장은 주문을 포기할 것인가를 두고 깊은 생각에 빠졌다.

"그럼 어쩔 수 없군. 이미 만들어 놓은 게 많지? 그걸 몇 박스 포장을 풀어서 물에 희석시켜 여러 병으로 만들어 보게. 어떻게든 주문량은 맞춰야 하니까."

"사…… 사장님, 혹시라도 이게 들통 나면 회사 이미지에 큰 타격이 오게 될 겁니다."

사장은 회사에 큰 이익을 남길 수 있는 엄청난 기회를 그냥 놓칠 수가 없었다. 어떻게 해서든 주문량을 맞추겠다는 욕심이 결국 해서는 안 되는 행동마저 하게 만든 것이었다. 하지만 주문했던 드링크제가 시중에 공급되자마자 맛이 이상해졌다는 소비자들의 항의가 빗발쳤다. 그러다가 한 방송국의 시사 고발 프로그램을 통해 최고기업의 드링크제를 성분 분석한 결과 처음 출시되었던 제품보다 질이 훨씬 떨어진다는 사실이 알려지게 되었고, 그 때문에 회사의 실적뿐만 아니라 이미지까지도 급속하게 추락하게 되었다.

"하필이면 물량이 모자라 급하게 만든 희석 제품이 운 나쁘게 걸릴 줄이야……."

사장은 자신이 회사의 이익에만 눈이 멀어 욕심을 내는 바람에 벌어진 이 사태에 대해 책임을 져야 했다. 기업에 나쁜 이미지를 심어 준 것과 눈에 띄게 떨어진 수익까지. 결국 사장은 드링크제를 포기하고 새로운 신약을 개발하기로 마음먹었다. 회사의 사활이 걸린 문제인 만큼 정말 좋은 약을 만들어야 한다는 부담감이 있었다.

"김 부장, 몇 달 전 신약을 만들어 화제가 되었던 이참신 씨를 우리 회사로 스카우트해 오는 일을 진행해 보게. 이런 방법을 쓰지 않으면 위기에 빠진 우리 회사를 살리기 힘들 걸세."

사장은 굉장한 신약을 개발한 이참신 씨를 스카우트하기로 계획했다. 그를 만나기 위해 며칠을 기다린 끝에 어렵게 약속을 잡은 사장은 정식으로 이참신 씨에게 스카우트 제의를 했다.

"회사 사정에 대한 이야기는 뉴스를 통해서 들었습니다. 해서는 안 될 일을 하셨더군요. 약은 사람들이 먹는 약입니다. 그런 마인드를 가진 회사와는 별로 일하고 싶지 않군요. 스카우트 제의는 받아들이지 않겠습니다."

"지금 연봉의 열 배를 주겠소. 물론 신약을 개발해서 회사에 큰 이익을 남기게 된다면 그에 따른 보너스도 챙겨 줄 것이오. 지금 있는 회사를 비롯해 이참신 씨에게 스카우트 제의를 했던 다른 회사들과 비교해도 눈에 띄는 조건일 것이오. 잘 생각해 보시오."

지금 받는 연봉의 열 배를 준다는 말에 이참신 씨는 귀가 솔깃

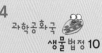

했다. 쉽게 거절할 수 없는 액수였기 때문이다.

"열 배라……. 이 회사로 오도록 하죠. 출근은 3일 뒤부터 바로 하겠습니다. 그리고 회사에서 걱정하는 신약에 대한 것은 저한테 맡겨 주십시오. 세상을 깜짝 놀라게 할 약을 만들어 내겠습니다. 물론 제가 만든 신약으로 예전의 명성을 되찾아 드리죠."

사장은 그의 믿음직스런 말에 자신이 제시한 연봉이 전혀 아깝지 않았다. 그리고 3일 뒤 출근한 이참신 씨는 바로 신약 개발을 위한 연구를 시작했다. 그전부터 생각해 둔 아이디어였기 때문에 마지막 실험 과정만 남아 있었다. 그는 세상의 모든 감기를 낮게 하는 감기약을 만들고 있었다. 사장은 사람들이 가장 쉽게 걸리는 감기를 낮게 해 줄 감기약을 개발한다는 그의 말에 엄청난 기대감을 표시했다.

"역시 자네군. 정말 대단한 약이 나올 거라 믿네. 지금 이대로만 해 주게."

이참신 씨는 연구를 서둘렀다. 신약 발표가 앞당겨졌기 때문이다. 그리고 몇 주 후 그는 '세상의 모든 감기를 낮게 해 줄 감기약'이라고 말하며 자신 있게 자신의 신약을 발표했다.

"많은 분들이 기다리셨던 바로 그 약입니다. 바로 감기약이죠. 세상의 모든 감기를 낮게 해 줄 수 있는 약입니다."

그가 전에 만든 신약으로 유명인사가 된 만큼 이번에도 사람들은 그가 만든 신약에 대해 열광적인 반응을 보였다. 판매 일주일

만에 시중의 약이 모두 다 팔렸다. 회사에선 이와 같은 반응에 그가 받은 고액의 연봉과는 별도로 보너스를 챙겨 줄 생각도 하고 있었다. 하지만 시간이 지나면서 여기저기서 불만의 소리가 들려오기 시작했다. 약을 복용한 사람들이 효과를 보지 못했다는 것이다.

"이 약 아무리 먹어도 효과가 없더군요. 저뿐만이 아닙니다. 이 약을 복용했던 많은 사람들이 인터넷에서 저와 같은 이야기를 하고 있습니다. 도대체 당신이 만든 감기약의 정체가 뭡니까? 많은 사람들이 감기약이라고 먹었던 이 약에 혹시 이상한 물질이 첨가되어 있는 건 아닌지 걱정하고 있다고요."

사람들은 최고기업이 드링크제를 속여 팔았다는 과거가 있기 때문에 더욱 의심을 하기 시작했고 결국 정식으로 감기약을 검사해 달라는 요청을 생물법정에 냈다.

감기를 일으키는 바이러스는 리노바이러스, 아데노바이러스,
파라인플루엔자 바이러스 등을 포함하여 100여 종이 넘으며
그중 리노바이러스가 일으키는 코감기가 가장 흔합니다.

감기약은 존재할까요?
생물법정에서 알아봅시다.

 재판을 시작합니다. 피고 측 변론해 주세요.

 피고는 감기 바이러스를 잡을 수 있는 감기약을 개발해 냈습니다. 이것은 몇 달여에 걸쳐 연구한 것으로 그 효과는 확실합니다.

 그러나 사람들은 아무 효과도 보지 못했다는데요?

 그건 아직 약효가 올 만큼의 시간이 지나지 않았기 때문입니다.

 그럴 리가요. 한 달 전에 먹었다는 사람도 약효가 없다는데 말이 됩니까?

 아, 좀 더 기다려야 한다니까요!

 오늘도 여전히 막무가내시군요. 이 세상에 감기약은 존재하지 않는다는 말이 있는데 어떻게 생각하시는지 원고 측 변론하십시오.

 약이 없다니요! 그러면 감기라는 병은 나을 수 없는 병인가요? 감기 걸렸다고 죽는 사람 본 적 있습니까?

발언권은 원고 측에 있습니다. 피고 측은 조용히 해 주십시오.

약은 병을 치료하기 위해 먹는 것이 맞습니다. 하지만 감기에는 특별히 치료할 수 있는 약이 없다고 합니다. 왜 그럴까요? 병리학 박사 나골골 씨를 증인으로 요청합니다.

삐쩍 마른 몸으로 어깨는 축 처진 나골골 씨가 힘없이 걸어 나와 증인석에 앉았다.

 감기는 무엇인가요?

 감기는 호흡기에 급성 염증이 일어나는 병입니다. 대표적인 증세는 재채기, 콧물, 목아픔, 목쉼, 기침, 발열, 두통, 전신권태 등이 있습니다.

 감기에 걸리는 원인은 무엇인가요?

 대부분은 바이러스가 원인입니다. 그러나 바이러스가 몸에 들어온다고 해서 모두 감기에 걸리지는 않습니다. 즉 바이러스뿐만 아니라 몸의 방어력이나 급격한 체온 변동, 체력 소모 등이 관계하는 것이죠.

 감기 바이러스에는 어떤 것들이 있죠?

 약 100여 종으로 리노바이러스, 아데노바이러스, 파라인플루엔자 바이러스 등이 여기에 속하며 그중 리노바이러스가 일으키는 코감기가 가장 흔합니다.

 우리가 먹는 감기약이 감기 바이러스를 죽이는 약인가요?

아닙니다. 아직까지 감기약에 대한 특효약은 없습니다.

 왜 그런 것인가요?

 바이러스이기 때문입니다. 세균과는 달리 바이러스는 항생제를 맞아도 죽지 않아요.

 바이러스를 죽이는 약을 개발하면 되지 않을까요?

 그러기에는 감기 바이러스의 종류가 너무 많고 어떤 바이러스에 의해 감기에 걸린 건지 모르므로 그에 맞는 약을 처방하기 힘듭니다. 그리고 약을 자꾸 먹게 되면 내성이 생겨서 오히려 잘 낫지 않게 되지요.

 병원에서 처방해 주는 감기약은 무엇인가요?

 감기 증상을 완화시키는 약입니다. 콧물이 나면 나지 않도록 해 주고, 기침을 하면 기침을 줄여 주고, 열이 나면 열을 내리도록 도와주는 것이죠. 결국 감기를 치료하는 것은 약이 아니라 우리 몸의 면역계입니다.

 감기를 예방할 수 있는 방법은 무엇인가요?

 가장 중요한 감기 예방법 중의 하나는 외출했다가 귀가했을 때 손발을 깨끗이 씻고 양치질을 꼭 하는 겁니다. 또 감기는 체력 저하와 면역력 저하에 의해 발생하기 때문에 적당한 휴식, 수면, 충분한 영양 공급, 규칙적인 운동 등을 통해 면역력을 높여 주어야 합니다. 특히 겨울철에는 실내가 건조하기 때문에 가습기를 틀어 습도 조절을 해 주는 게 중요합니다. 감

기에 걸렸을 때 비타민이 많이 든 과일을 섭취하면 감기 증상을 감소시키고 감기의 지속 기간을 단축시켜 줍니다.

 좋은 말씀 감사합니다. 감기는 100가지가 넘는 여러 가지 바이러스에 의해 생기는 것이므로 아직까지 특효약이나 예방약은 없고 다만 감기 증상을 완화시켜서 스스로 이겨낼 수 있게 도와주는 약이 처방되는 것입니다.

 그렇군요. 그렇다면 피고가 만든 감기약은 단번에 감기를 낫게 해 주는 약이 아니군요. 피고의 감기약은 엉터리임이 밝혀졌으니 시중에 판매되고 있는 감기약은 효과가 없다는 것을 알리고 당장 판매를 중단하십시오. 만약 계속해서 특효약이라 광고하면서 판매할 경우 법적인 처벌을 받을 수 있으니 명심하시기 바랍니다. 이상으로 재판을 마치겠습니다.

재판이 끝난 후, 이참신 씨가 만든 감기약은 판매 중단 처분이 내려져 시중에서 판매할 수 없게 되었다. 그 후로도 이참신 씨는 포기하지 않고 감기를 완치할 수 있는 감기약 개발에 심혈을 기울이고 있다.

 면역

면역은 병원체에 대한 생체의 저항력을 항진시켜 병에 걸리지 않거나, 걸리더라도 가볍게 치르도록 하는 것을 말한다. 인공 면역은 약화된 병원체를 넣어 주어서 얻는 능동 면역(백신 주사)과 면역 혈청을 주사하여 얻는 수동 면역으로 나누어진다.

피부왕을 찾아라!

왜 여드름은 사춘기 때 많이 생길까요?

"자, 발표하겠습니다. 올해의 피부왕! 두구두구 두구! 생물 중학교 나이뻐 양입니다."

가슴을 졸이며 듣고 있던 나이뻐는 미소를 지으며 단상 위로 올라갔다.

"여러분, 감사합니다. 제가 이렇게 피부왕이 될 수 있었던 가장 큰 이유는 다 저의 타고난 피부 때문이라 생각됩니다. 사실 제 피부는 제가 봐도 하늘이 내려준 피부라고나 할까요? 호호! 더욱더 제 피부를 가꾸어 모기가 제 얼굴에 앉아도 물지 못하고 미끄러지도록 최선을 다하겠습니다. 감사합니다."

나이뻐의 피부는 반짝반짝 윤이 나면서 매우 고왔다. 그래서 많은 친구들이 나이뻐의 피부를 부러워했다.

"애, 넌 어쩜 그렇게 피부가 좋니? 나도 피부 좋아지는 법 좀 가르쳐 주면 안 되겠니?"

"호호, 이게 어디 가르쳐 준다고 될 일이니? 내 피부는 태어날 때부터 너랑은 달랐던 거야. 너는 그냥 포기하고 그렇게 살아. 호호!"

"어머, 애 말하는 거 봐. 정말 약 오르게 말하네. 그런데 이뻐야, 우리 지금 미팅 약속 잡혀 있는데 너도 같이 갈래?"

"뭐, 미팅?"

"미팅이랄 것까진 없고 그냥 동방 중학교 애들이랑 만나서 같이 밥도 먹고 도서관 가서 공부도 하려고."

"도서관? 난 별로 관심 없는데……."

"정말? 동방신고라고 진짜 꽃미남 네 명 나온다던데, 그럼 이뻐 너는 안 가는 거지?"

"뭐라고? 동방신고가 나온다고? 당연히 나도 나가야지. 걔들 노래도 엄청 잘 부르고 춤도 너무 잘 추잖아. 특히 꺾기춤! 나도 나갈래."

그렇게 나이뻐는 친구들을 따라 동방신고를 만나러 갔다. 동방신고는 유난히 피부가 고왔다.

'어머, 무슨 남자애들이 피부가 이렇게 좋아? 하지만 내 피부를 따라오려면 멀었어. 호호!'

나이뻐와 친구들은 동방신고와 함께 피자를 먹으며 이런저런 얘기를 나눴다.

"이뻐는 피부가 너무 곱네. 박피 수술이라도 했어?"

"박피 수술? 어머, 이건 타고난 내 피부야. 호호!"

역시나 나이뻐의 피부는 동방신고의 주목을 끌었다. 동방신고 아이들은 저마다 나이뻐하고만 말하려고 했다. 나이뻐는 기분이 좋아 어쩔 줄을 몰랐다. 그러자 참다못한 친구가 나이뻐를 화장실로 불렀다.

"이뻐야, 너만 동방신고랑 얘기하지 마. 내가 동방신고랑 미팅 잡으려고 얼마나 힘들었는지 아니? 그런데 너만 동방신고랑 얘기하니까 다른 애들이 기분 나빠하잖아."

"뭐라고? 그게 왜 내 탓이니? 걔들이 나한테만 말을 거는데 어쩌란 말이야? 그럼 너희들도 미리 피부 좀 가꾸지 그랬어. 피부가 고와야 얼굴이 예뻐 보이는 것 몰라?"

"뭐라고? 이게!"

나이뻐의 말을 듣고 속이 상한 친구는 갑자기 나이뻐의 머리채를 잡고 흔들기 시작했다.

"어머, 이거 못 놔?"

얼떨결에 머리채를 잡힌 나이뻐가 소리를 질렀지만 친구는 나이뻐의 머리채를 잡고 놓을 생각을 안 했다. 그러자 나이뻐도 참을 수 없어 친구의 머리채를 잡고 뜯기 시작했다. 화장실에서 우당탕탕 소리가 나자 급히 가게 매니저가 달려왔다.

"아니, 남의 가게 화장실에서 학생들이 왜 싸우고 난리야? 싸울 거면 나가서 싸워! 당장 손 놓지 못해?"

매니저의 고함에 나이뻐는 슬그머니 손을 놓았다. 그러자 나이뻐의 친구가 울면서 화장실을 뛰쳐나가는 게 아닌가!

"학생이 어떻게 했기에 친구가 울면서 뛰쳐나가?"

"저는 잘못한 것 없어요. 쟤가 먼저 제 머리를 잡아당긴걸요."

나이뻐는 어이없어하며 화장실 밖으로 나왔다. 기분이 영 좋지 않았다. 가게를 둘러보니 같이 왔던 친구들도 동방신고도 모두 가고 없었다.

"뭐야, 다들 가 버린 거야?"

나이뻐는 혼자 터덜터덜 집으로 걸어갔다.

'나더러 어쩌라고. 내가 일부러 그런 거야?'

나이뻐는 집으로 돌아온 뒤 가라앉은 기분을 잠시라도 잊기 위해 잠을 청했다.

"그래, 자고 일어나서 친구한테 전화해 보는 게 좋겠어."

나이뻐가 한참을 자고 일어나자 얼굴에 뭔가 따끔따끔한 느낌이 났다.

"어, 뭐지?"

당황한 나이뻐는 얼른 거울을 찾아 얼굴을 봤다. 빨간 여드름이 몇 개 솟아나 있었다.

"악, 이게 뭐야? 내 좋은 피부에 왜 이런 게 난 거야? 엄마!"

나이뻐가 소리치자 엄마가 달려왔다.

"이뻐야, 왜 무슨 일이니?"

"엄마, 내 얼굴 좀 봐요. 내 얼굴에 요상한 게 솟아나 있어요."

"어디 보자꾸나. 아, 여드름이구나. 호호! 이제 우리 이뻐도 사춘기인가 보네. 여드름은 원래 사춘기 때 나서 어른 되면 사라져요. 걱정 안 해도 된단다. 자연적인 현상이야."

"뭐라고요?"

그 뒤 나이뻐의 얼굴에는 여드름이 몇 개씩 계속 나기 시작했다. 나이뻐는 여드름 때문에 점점 울상이 되었다.

'내 피부가 얼마나 좋았는데…… 정말 속상해 죽겠어.'

하지만 주변 어른들은 나이뻐가 고민하는 모습을 보면서도 대수롭지 않게 말했다.

"이뻐야, 크게 걱정 마라. 어른이 돼야 다 없어져요. 계속 여드름 신경 쓰면 여드름이 더 늘어만 가요."

나이뻐는 여드름 때문에 받는 스트레스가 이만저만이 아니었다. 한참을 고민하다가 정말 어른이 되어야만 여드름이 다 없어지는지 생물법정에 의뢰해 보기로 했다.

여드름은 '안드로겐' 호르몬 분비와 '피애크니' 라고 하는 박테리아의 영향으로 생깁니다. 모공 내 피지선에서 분비되는 피지와 죽은 세포 때문에 피지 배출구가 막히면 여드름이 더 심해진답니다.

여드름은 언제 없어지나요?
생물법정에서 알아봅시다.

 평소 피부가 좋기로 소문났었던 나이뻐
양이 여드름에 신경이 많이 쓰였나 보군
요. 재판을 통해 여드름은 언제 사라지는
지 알아봅시다. 먼저 생치 변호사, 변론해 주세요.

 여드름이란 건 이제 여성 또는 남성 호르몬이 왕성하게 분비
된다는 거 아니겠습니까? 사춘기에 접어들었다는 사춘기의
상징이죠. 그러니까 당연히 사춘기가 지나고 나면 여드름이
사라지게 될 겁니다.

 어른이 되면 여드름이 사라진다는 건가요?

 그렇죠. 다 저절로 사라지게 되어 있으니 걱정 마세요, 걱
정 마!

 어른들 중에도 얼굴에 여드름이 있는 사람들이 있는데 그러
면 그런 사람들은 아직 사춘기가 안 끝난 건가요?

 그건…… 세수를 제대로 하지 않아서 그래요. 그건 여드름이
아니라 피부병이에요. 하도 안 씻어서 생기는 피부병!

 생치 변호사에게서는 도통 과학적 원리에 입각한 변론을 들
어 볼 수가 없군요. 비오 변호사, 변론해 주세요.

 생치 변호사께서 이십대를 넘긴 성인에게 나는 여드름은 여드름이 아니라 피부병이라고 하셨는데, 아닙니다. 그 역시 여드름입니다. 여드름에 대해 좀 더 자세한 정보를 듣기 위해 피부과 의사이신 노화장 씨를 증인으로 요청합니다.

 증인 요청을 받아들입니다.

　긴 생머리에 화장기 없는 맨얼굴을 한 청순한 여성 한 명이 증인석으로 나왔다.

 피부과 의사라서 그런지 정말 피부가 깨끗하시네요. 여드름은 왜 생기는 걸까요?

 보통 여드름은 안드로겐 호르몬이 왕성하게 분비되는 청소년기에 집중적으로 발생하게 됩니다. 이 때문에 여드름을 '청춘의 심벌'이라 부르기도 하지요. 하지만 수면 부족이나 각종 스트레스에 의해 피지선이 자극 받거나 호르몬 변화가 심한 배란 전이나 월경 기간에는 나이와 상관없이 여드름이 생깁니다. 이렇듯 여러 원인에 의해 피지 분비가 왕성해지면 피지선이 발달한 이마, 코 주위, 목, 앞가슴 등에 여드름이 돋게 됩니다.

 여드름이 생기는 원인은 결국 호르몬 작용 때문이라는 거군요?

호르몬 하나만이 그 이유가 되지는 않습니다. 여드름은 일반적으로 모공 내 피지선에서 분비되는 피지(기름)와 죽은 세포 때문에 모공 안쪽 피지 배출구가 막히고, 거기에 박테리아까지 가세해 생겨나는 것으로 알려져 있습니다. 이때 여드름을 유발하는 박테리아는 '피애크니'라고 하는 박테리아입니다.

 피애크니 박테리아? 생소한 이름이네요.

 최근 한 연구팀에서 이 박테리아에 면역 체계와의 상호 작용을 통해 피부 질환을 일으키는 단백질도 함유돼 있으며, 일부 유전자는 피부를 망가뜨리는 효소를 만들어 낸다는 사실을 밝혀냈습니다. 따라서 이로 인해 피부 세포를 분해하는 효소와 면역 체계에 영향을 주는 효소를 차단하는 방법을 개발하면 이 박테리아로 인해 여드름이 유발되는 것을 막을 수 있을 것이라는 전망을 할 수 있게 되었지요.

 네, 그렇다면 여드름을 없애기 위해서는 어떤 방법을 사용할 수 있을까요? 여드름을 짜면 되나요?

 여드름을 함부로 짜면 피부에 흉터를 남길 수 있습니다. 따라서 여드름을 함부로 짜는 것은 올바른 여드름 치료가 아닙니다. 또한 무작정 여드름 치료에 좋다는 피부 연고를 바르는 것도 모공이 커지는 악수가 되니 조심해야 합니다. 가장 적절한 여드름 치료법은 약물 치료로 피지 분비를 억제한 후 레이저를 이용해 진피 속에 발생한 염증을 진정시키고 회복시켜

주는 메디컬 스킨케어입니다. 또 스킨 스케일링도 효과적입니다. 피부 표면을 매끄럽게 만들어 주기도 하고 모공을 열어 여드름을 진정시키고 피부 재생을 원활하게 해 줍니다.

만약 아무것도 모르고 여드름을 짜서 흉터가 생기면 지워지지 않나요?

그렇지는 않습니다. 여드름 관리를 잘못해서 피부에 흉터가 남았다면 레이저 피부 재생술로 흔적을 제거하는 방법도 있습니다.

그렇군요. 판사님, 증인의 말을 통해서 여드름은 호르몬 분비와 더불어 박테리아가 이유가 되어 생겨날 수도 있으며 여드름 치료를 위해서 스킨케어를 하는 것이 가장 확실한 여드름 치료라는 것을 알 수 있습니다.

네, 잘 들었습니다. 역시 비오 변호사는 의뢰 사건에 대한 준비가 철저하군요. 증인의 말을 들어 보니 나이뻐 양의 여드름은 청소년기의 왕성한 호르몬 분비가 원인이라고 생각됩니다. 여드름 때문에 나이뻐 양이 많은 스트레스를 받는 것 같은데 나이뻐 양의 여드름 치료를 위해서 메디컬 스킨케어를 권합니다. 이상으로 재판을 마치겠습니다.

재판이 끝난 후, 나이뻐 양은 바로 피부과로 달려가 스킨케어를 받았다. '피부 미인'이라는 별명에 여드름은 말도 안 된다며 열심

히 여드름 치료를 위해 노력했고, 얼마 후 곧 예전의 아름다운 피부를 다시 되찾을 수 있게 되었다.

 효소

효소는 생체 안에서 만들어지는 단백질을 중심으로 한 고분자 화합물을 말한다. 효소는 생체의 거의 모든 화학 반응에 관여하므로 생명 활동과 밀접한 관계가 있다. 효소는 술이나 된장 등의 양조에 쓰이고, 소화제 등 의약품에도 쓰인다.

죽어 가는 식물

벼들이 흰잎마름병에 걸리는 원인은 무얼까요?

나는 본타운 마을의 경찰관이다. 이곳은 너무 평화로운 농촌 마을이기에 내가 할 일이 별로 없다. 나는 그저 어슬렁거리며 쓰러진 허수아비를 똑바로 세워 주고 다닌다. 가끔 집 나온 개들이 있으면 목걸이를 보고 집을 찾아 주기도 한다. 하지만 목걸이가 없는 개들은 어떻게 하냐고? 너무 많은 걸 알려고 하지 마, 후후! 내가 세상에서 제일 좋아하는 음식이 보신탕이야.

"경찰관 아저씨, 큰일 났어요."

어느 날 소랑이가 허둥지둥 나를 찾으며 뛰어왔다.

"소랑아, 무슨 일이니? 왜 그래?"

"마을 이장님이 급히 찾으세요. 마을회관에 얼른 가 보세요."

"뭐? 마을 이장님이 급히 찾아? 알겠다."

나는 소랑이의 말을 듣고 후다닥 마을회관으로 뛰어갔다. 마을회관에는 벌써 동네 사람들이 많이 모여 있었다.

"아니, 무슨 일로 이렇게 다들 모이셨습니까?"

"경찰관 양반, 드디어 우리 마을에 큰일이 생겼소."

"큰일이요? 어떤……?"

갑자기 나는 흥분을 느끼기 시작했다. 너무나도 평화롭고 조용하던 마을, 드디어 내가 할 일이 생긴 것이다.

"요즘 논을 자세히 본 적 있소?"

"논이요? 허수아비 세우면서 봤죠. 근데 왜 그러십니까?"

"언젠가부터 벼 잎들이 하얗게 변하면서 죽어 가고 있소. 우리 마을 사람들끼리 의논해 봤지만 도저히 왜 그런지 알 수가 없었소. 그래서 경찰 양반을 이렇게 부르기로 한 거요. 경찰 양반은 어떻게 생각하시오?"

"하얗게 변한다…… 혹시 그렇다면?"

"역시 경찰관 양반이라 다르군. 그래, 뭐 짐작 가는 구석이라도 있소?"

"이건 누군가 우리 마을 논에 독약을 치는 게 틀림없는 것 같군요. 왜 독약은 흰색이지 않습니까?"

"뭐라고? 독약?"

"예, 분명 독약입니다. 제가 이 경찰관의 명예를 걸고 반드시 범인을 잡아내겠습니다."

"오, 정말 그렇게 해 줄 수 있겠소?"

"당연하죠. 비겁하게 독약을 쓰다니! 이런 악당들, 각오하는 게 좋을 거야. 후후!"

나는 의기양양하게 마을회관을 나섰다.

'감히 우리 마을 논에 독약을 치다니! 나를 우습게 본 모양이지? 후후, 그렇게는 안 되지.'

나는 그날 밤 잠을 자지 않고 논으로 향했다. 한두 시간쯤 논가에 숨어 있으려니 모기떼가 와서 사정없이 나를 물었다.

"에잇, 이놈의 모기떼들!"

나는 가려운 곳을 손으로 벅벅 긁으며 애써 오는 잠을 쫓았다. 하지만 내 눈꺼풀은 내 의지와는 상관없이 조금씩 감기고 있었다. 그때였다. 웬 하얀 옷을 입은 여자가 저쪽 길 끝에서 이쪽으로 오고 있었다. 나는 순간 귀신인가 싶어서 눈을 비볐지만 분명 형체가 있는 사람이었다. 나는 가만히 그 여자를 지켜보았다. 그 여자는 주위를 가만히 둘러보더니 논으로 살금살금 들어갔다. 그 뒤 조금 있으려니 논에서 나와선 다시 주위를 살피더니 다시 가는 게 아닌가!

"범인아, 거기 서랏! 나는 경찰이다."

나는 당장 달려가서 여자를 잡았다.

"죄송합니다, 죄송합니다. 한 번만 봐주세요."

여자는 얼굴을 숙인 채 나에게 용서를 빌었다.

"당신은 누구지? 마을 사람인가? 왜 한밤중에 남의 논에 와서 독약을 뿌린 거야?"

그제야 여자는 얼굴을 들고 대답했다.

"독약이라뇨? 저는 요 아랫마을 사는데 언니가 이 마을에 살고 있어서 찾아가는 길이에요. 그런데 소변이 너무 마려워서…… 논에 들어가서 살짝……."

"뭐야? 독약이 아니라 오줌이라고? 에잇, 당장 갈 길 가요!"

나는 그렇게 여자를 허탈하게 보내고 뜬눈으로 밤을 새웠다. 그렇게 밤을 꼬박 새우고 지켰지만 범인은 끝끝내 나타나지 않았다. 이렇게 철야 감시를 일주일 동안 한 뒤 나는 퀭한 눈으로 마을회관을 다시 찾았다.

"제가 일주일이나 지켜봤지만 범인은 나타나질 않습니다. 그렇다면 독약은 아니라는 소리인데, 이장님! 우리 이러지 말고 벼가 왜 하얗게 변한 채 죽어 가는지 생물법정에 의뢰해 보는 것이 어떻겠습니까?"

흰잎마름병은 주로 7~8월에 많이 발생하며 질소질 과다,
태풍에 의한 조기 감염, 이병성 품종의 재배, 바람에 의한
잎의 상처 등이 병의 원인입니다.

여기는 생물법정

식물이 죽어 가는
이유는 무엇일까요?
생물법정에서 알아봅시다.

 재판을 시작합니다. 생치 변호사, 변론하

십시오.

 의뢰인은 마을의 논에서 벼가 자꾸 시들

시들 죽어 가자 누군가가 논에 독약을 뿌린다고 생각했습니

다. 그래서 일주일간 논 주변에서 철야 감시를 했지만 독약을

뿌리거나 다른 수상한 행동을 하는 사람은 없었습니다. 이것

은 필시 귀신의 짓입니다.

 귀신이라고요? 말이 된다고 생각하십니까?

 왜 말이 안 됩니까? 귀신의 소행입니다. 귀신을 잡아야 해요.

 혹시나 했는데 역시나입니다. 비오 변호사, 변론해 주세요.

 귀신의 소행이라니, 어이가 없습니다. 본타운 마을에서 식물

이 죽어 가는 것은 누군가가 독약을 뿌렸거나 귀신이 해코지

를 해서가 아니라 식물이 병에 걸렸기 때문입니다.

 식물이 병에 걸렸다고요?

 그렇습니다. 식물들이 병에 걸려 병을 앓는 것입니다. 더 자

세한 설명을 위해 과학대학의 식물학 연구소 연구원인 최과

학 씨를 모셔 보겠습니다.

방금까지도 식물을 연구하다가 온 듯 온 몸에 풀잎
이 붙은 한 남자가 증인석으로 나왔다.

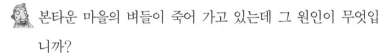 본타운 마을의 벼들이 죽어 가고 있는데 그 원인이 무엇입
니까?

벼들이 흰색으로 점점 변해 가고 있다고 들었습니다. 흰잎마
름병에 걸린 것 같네요.

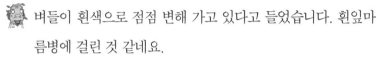 흰잎마름병이요? 그 병은 어떤 병입니까?

주로 7~8월에 발생하는 병으로 잎끝에서부터 5~6cm 아래
의 잎 가장자리에 병의 반점이 생기면서 시작됩니다. 이 병반
표면에 아침이슬이 맺혔다가 이것이 마르면 황색의 점괴가
붙어 있는 것을 볼 수 있습니다. 이 점괴는 바람에 의해 수면
으로 떨어져 제2차 전염원이 됩니다. 병반은 보통 2~3일 후
잎 가장자리의 한쪽 또는 양쪽에서 잎 가운데 불룩한 부분까
지 번져 물결 모양으로 확대됩니다. 색깔도 황색에서 등황색
으로 변하고 시간이 경과되면 회백색으로 점점 퇴색되다가
제2차 기생균의 기생에 의해 더러운 색으로 변하게 됩니다.

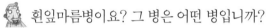 본타운 마을의 벼들에서 일어나는 증상과 일치하는군요. 흰
잎마름병의 원인은 무엇입니까?

병징은 질소질 과다, 태풍에 의한 조기 감염, 이병성 품종의
재배, 바람에 의한 잎의 상처 등에 따라 발병하게 됩니다.

 잘 들었습니다. 그렇다면 본타운 마을의 벼들이 하얗게 변하는 것은 독약 때문이 아니라 흰잎마름병이라는 병에 걸려서라고 볼 수 있겠군요. 본타운 마을 사람들은 흰잎마름병을 치료하는 방법을 꼭 찾아내기 바라며 다음 해부터는 흰잎마름병이 생기지 않도록 미리 예방해야 할 것입니다. 이상으로 재판을 마치겠습니다.

재판이 끝난 후, 본타운 마을 사람들은 서둘러 흰잎마름병을 퇴치하는 방법을 찾기 위해 긴급 마을 회의를 소집했다. 여러 사람들이 머리를 맞대고 확실한 대책을 세웠고 그 다음 해부터는 벼에 흰잎마름병이 생기지 않았다.

전염원

전염원은 전염병의 병원체를 가지고 있고 병을 퍼뜨리는 근원이 되는 생체를 말한다. 병에 걸린 사람, 균을 가지고 있는 사람, 감염된 동물이나 균을 지니고 있는 동물들이 전염원이다.

과학성적 끌어올리기

전 세계를 공포에 몰아넣었던 사스

2002년, 중국에서부터 시작된 사스는 전 세계로 퍼져 사람들을 죽음의 공포에 몰아넣었던 병입니다. 사스란 급성 호흡기 증후군 (Severe Acute Respiratory Syndrome)의 약자로 발병 원인을 몰라 '괴질'이라고도 했지요.

중국 남부의 광둥성에서 처음 사스 환자가 발생한 후 삽시간에 전 세계로 퍼졌습니다. 과학자들과 의사들은 사스의 원인을 알아내기 위해 온 힘을 쏟았지요. 처음에 독일 과학자들은 파라믹소 바이러스가 사스의 원인이라고 밝혔지만 중국은 박테리아의 일종인 클라미디아라고 했습니다. 그러다 홍콩 과학자들이 코로나 바이러스를 발견하게 됩니다.

코로나 바이러스는 여러 종류의 동물에게는 심각한 폐렴을 일으키지만 사람에게는 별 영향력을 끼치지 못하는 바이러스로 알려져 있었습니다. 그러던 중 네덜란드의 에라스무스 대학 연구팀이 사스 환자로부터 코로나 바이러스의 일종인 원인 바이러스를 분리해 내 실험용 원숭이에게 주사했더니 원숭이도 사스에 걸렸습니다. 이리하여 이 바이러스를 '사스 바이러스'라고 명명하게 되었죠.

사스는 어떻게 전 세계로 퍼졌을까요?

사스는 처음 중국 광둥성에서 유행하고 있었던 걸로 추정하고 있습니다. 그런데 이 병은 광둥성 중산의대의 류모 교수에 의해 전 세계로 퍼지게 되었죠. 류모 교수는 자신이 사스 바이러스에 감염된 줄 모르고 친척 결혼식에 참석하기 위해 홍콩으로 가 메트로폴 호텔에 투숙하게 되었습니다. 여기서 류모 교수는 메트로폴 호텔에 있던 투숙객에게 사스 바이러스를 전파한 꼴이 되었습니다. 사스 바이러스는 공기를 타고 같은 층의 투숙객의 몸속으로 침투했고 투숙객들은 그 사실을 모른 채 각자의 나라로 돌아가게 된 거죠.

사스 바이러스의 감염력은 대단했습니다. 홍콩 아모이 가든 아파트에서 많은 사람이 사스에 걸린 이유를 보면 알 수 있죠. 사스 바이러스 보균자인 한 남성이 이 아파트의 화장실을 이용하게 되었는데 그것이 아파트의 모든 사람들에게 사스 바이러스를 전파시킨 꼴이 되었습니다.

전 세계가 사스의 공포에 빠져 있을 때 운 좋게도 우리나라는 사스 감염에서 비켜나갔습니다. 우리가 즐겨 먹는 김치가 사스를 예방한다고도 알려져 있지만 그보다도 류모 교수가 투숙했던 홍콩의 호텔에 다행히 우리나라 사람이 아무도 없었던 것이 행운이라고 볼 수 있습니다.

아직 사스의 치료법이나 예방 백신은 개발되지 않았습니다. 물론 사스가 다시 유행할 수도 있고요. 그러나 과학자들의 노력에 의해 머지않아 개발되겠죠?

음식과 미생물에 관한 사건

제3장

이 치즈 상했어요!
곰팡이 폈다고요!

소젖, 우유의 주죠
단백질인 카세인이 응고된
커드를 휘젓고 소금을
친 후 푸른 곰팡이의
균주를 넣어서 만드는 데…
아~! 내 블루치즈!

음~ 오묘한
맛일세…

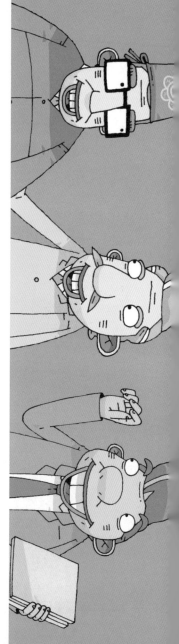

이스트 – 빵 속에 균이 있다고요?

곰팡이 – 치즈 속의 곰팡이

유산균 – 변비 끝!

발효 – 술과 공기는 상극

빵 속에 균이 있다고요?

빵을 부풀려 주는 이스트가 세균인가요?

과학공화국에 짠돌이로 소문난 한 모자가 살고
있었다. 아이가 다섯 살 때쯤 아버지를 잃고 난 뒤
이 모자는 합심하여 똘똘 뭉쳐 세상을 헤쳐 나가기
로 굳게 결심했다.

"엄마, 오늘은 반찬 뭐야?"

"오늘 반찬? 짠내야, 고개를 위로 올려 봐."

짠내가 고개를 위로 들자 천장에 굴비 한 마리가 매달려 있었다.

"짠내야, 굴비 먹는다 생각하고 밥 한 술 뜨고 굴비 한 번 보고,
밥 한 술 뜨고 굴비 한 번 보고, 이렇게 밥 먹어. 그리고 내일 아침

에 우리 저 굴비 구워 먹자꾸나."

"뭐? 내일 아침? 안 돼! 적어도 내일 저녁때까진 저렇게 버티자
고요."

엄마보다도 어린 짠내가 더 심한 구두쇠였다.

어느 날 엄마와 짠내는 김치 담글 재료를 사기 위해 함께 시장
에 갔다.

"짠내야, 배추 사야 하는데 어느 가게가 젤 쌌지?"

"엄마, 저기 저 골목 끝에서 두 번째 집이 인심도 후하고 좋았잖
아. 그런데 우리 오늘은 새로 생긴 가게에 가요. 내가 다 생각이 있
어. 후후!"

짠내의 말을 듣고 엄마는 새로 생긴 배추 가게로 갔다.

"엄마, 엄마는 여기 잠시 숨어 계세요. 제가 배추 사 올게요."

"뭐? 네가 배추를 사 와? 돈이 어디 있어서?"

"후후, 보고만 계세요."

짠내는 침을 눈가에 바르고 배추 가게로 들어갔다.

"아주머니, 배추 좀 얻어 갈 수 있을까요?"

"뭐야? 배추를 공짜로 달라고? 지금 장난해?"

"그게 아니라 저는 어렸을 적 아버지를 여의고 이젠 어머니마저
아파서 누워 계세요. 하지만 제가 해 드릴 수 있는 건 없어요. 흑
흑! 그런데 며칠 전부터 계속 어머니께서 김치를 찾으시는 게 아
니겠어요? 흑흑! 혹시나 어머니께서 김치를 못 드시고 돌아가시

면 그게 평생 제 한이 될 것 같아서…… 흑흑! 아주머니, 남거나 버리는 배추 조각 있으면 저 좀 주세요."

"어머머, 가여워라! 나이도 어린데 혼자서 김치는 담글 수 있니?"

"잘은 못하지만 김치를 드시고 싶어 하시는 어머니를 생각하면, 흑흑! 해봐야죠."

"잠깐만 여기 있으렴."

주인아주머니는 짠내의 얘기에 감동을 받아 연신 눈물을 훔쳤다.

"자, 여기 배추 다섯 포기야. 얼른 들고 가서 어머니께 김치 담가 드리렴. 어린 네가 무슨 죄가 있다고, 쯧쯧! 힘내렴."

"예, 알겠습니다. 아주머니, 정말 고맙습니다."

배추를 받아들고 나오던 짠내는 어머니를 향해 윙크를 날렸다.

"히히, 엄마! 내 솜씨 봤죠?"

'꽝!'

"아얏! 엄마, 왜 이래요?"

"이놈아, 아끼는 건 좋지만 다음부터는 절대 남을 속여서는 안 돼! 알겠니? 엄마는 거짓말하는 사람이 세상에서 제일 싫단다."

"알겠어요, 엄마! 다음부터는 절대 남을 속이지 않고 정정당당히 아끼겠어요."

"그래, 그래야 내 아들이지."

짠내 모자는 한참 동안 시장 구경을 하며 필요한 것들을 저렴한 가격에 샀다.

"엄마, 저기 봐요. 제과점에서 빵 만드는 이벤트를 하는 것 같은데요?"

"어디? 어머, 정말이네. '엄마와 아이가 함께 만드는 빵 이벤트'라고? 와~! 우리 저기서 빵 만들어서 우리 집에 가져가서 먹으면 되겠네. 호호! 아니면 빵 만들다 실패한 것 있으면 우리 먹으라고 줄지도 모르잖니."

"엄마, 얼른 우리도 참가해요."

짠내와 엄마는 후다닥 뛰어가 참가 신청을 했다.

"아, 참가하시려고요? 행사는 내일입니다. 참가 신청서는 지금 작성해 주시면 됩니다. 그리고 빵 만드는 과정이 적힌 메모지를 드릴 테니 집에서 한 번 읽어 보시고 오시면 도움 많이 될 거예요."

짠내와 엄마는 참가 신청서를 작성한 뒤 집으로 돌아왔다. 짠내는 집에 오자마자 서둘러 빵 만드는 과정이 적힌 메모지를 펼쳤다.

"히히히, 내일은 배 터지게 빵 먹는 날~! 어? 엄마, 그런데 이스트가 뭐야?"

"이스트? 이스트는 엄마도 처음 들어 보는데 왜?"

"아까 제과점에서 받아 온 빵 만들기 과정을 읽고 있는데 중간에 이스트를 넣어야 한대. 이스트가 뭐지?"

"제과점에서 알아서 재료 다 제공해 준다던데? 정 궁금하면 인터넷 검색해 보렴."

짠내는 컴퓨터를 켜고 이스트를 검색했다.

"엄마, 이스트가 효모래."

"뭐, 효모? 효모는 세균인데, 어쩜 공짜 이벤트라고 빵에 세균을 넣다니! 안 되겠어. 그 제과점 이름 뭐였지? 짠내야, 우리 당장 생물법정에 고소해 버리자꾸나."

빵 효모는 인공적으로 만든 게 아니라 자연계에 존재하는
야생 효모 중에서 제빵 성능이 뛰어난 품종을 선발한 것입니다.
빵용으로 사용되고 있는 이스트는 맥주 효모에 가깝다고 볼 수 있어요.

빵에 넣는 세균이 있을까요?
생물법정에서 알아봅시다.

 재판을 시작합니다. 원고 측 변론해 주십
시오.

 원고는 시장 구경을 하던 중에 한 제과점
에서 개최하는 '빵 만들기 이벤트'에 참가하려고 했습니다.
그런데 제공되는 빵 재료 중에 이스트가 있는 것을 발견하게
되었습니다. 이스트가 뭔지 정확하게 몰랐던 원고가 인터넷
검색을 통해 이스트가 효모라는 것을 알게 되었지요. 효모라
하면 세균 아니겠습니까? 공짜 빵 이벤트라고 세균을 넣은
빵을 만든다는 건 말이 안 되지 않습니까?

 생치 변호사께서는 이스트가 무엇인지 알고 계셨습니까?

 제, 제가 바봅니까? 세균이라면서요.

 그럼 그렇죠. 비오 변호사에게 들어 봅시다. 피고 측 변론하
십시오.

 이벤트를 주최한 제과점의 사장님을 증인으로 요청하겠습
니다.

 받아들이겠습니다. 증인은 증인석으로 나오십시오.

배가 불룩 튀어나온 제과점 사장님이 나와서 증인석
에 앉았다.

 증인, 이스트는 무엇입니까?

 이스트란 일반적으로 빵 효모와 당을 발효시켜 탄산가스와
알코올을 생성하고 유기산이나 향기 성분도 생성하는 미생물
의 일종입니다. 탄산가스는 빵 생지를 부풀어 오르게 하고,
유기산은 빵 생지의 신축성과 맛을 좋게 해 주고, 향기 성분
은 빵의 향기를 좋게 해 줍니다. 이스트의 이런 점들이 단지
화학 반응으로 탄산가스를 발생시키는 베이킹파우더와는 다
른 점입니다. 이스트의 종류에는 폭넓은 용도에 사용할 수 있
는 일반용, 당을 포함하지 않은 생지의 발효에 적절한 무당
용, 냉동 생지용 등이 있습니다.

 미생물이라고 해도 이해하기 어렵네요. 자세히 설명해 주시
겠습니까?

 이스트가 식물이라고 설명하는 홈페이지도 있습니다만, 실감
이 나지 않을 것입니다. 과거 생물을 동물과 식물로만 나눈
분류 기준으로 볼 때 이스트 같은 미생물은 꽃이 피지 않는
음화식물로 분류되었기 때문입니다. 현재 미생물은 식품이나
의약품, 폐기물 처리 등 인류에게 필수불가결한 존재로서 매
우 상세하게 분류되고 있습니다.

이스트가 천연 효모와 다른 점은 무엇입니까?

 천연 효모나 자연 효모에 반대되는 개념으로 '이스트는 인공적인 것'이라는 표현을 쓰기도 하지만 이것은 잘못된 표현입니다. 효모를 영어로는 이스트라고 부릅니다. 빵 효모는 원래 자연계에 존재하는 야생 효모 중에서 제빵 성능이 뛰어난 품종을 선발한 것입니다. 영양원으로서 당밀을 사용해 배양 탱크 중에서 효모만을 효율 좋게 증식시키는 방법이 고안돼 안정적으로 공급할 수 있게 된 것입니다. 한편 천연 효모나 자연 효모는 드라이 프루츠를 물에 불려서 자연 발효시킨 것을 사용하거나 일단 한 번 순수하게 분리한 야생 효모를 당밀 대신으로 과즙을 사용해 배양하는 등 만드는 방법이 여러 가지 있습니다.

 빵 효모는 어디에서 왔습니까?

 빵용으로 사용되고 있는 이스트는 소맥분의 전분으로부터 생기는 맥아당을 발효하는 능력이 필요하기 때문에 맥주 효모에 가깝다고 볼 수 있습니다. 빵용의 이스트는 지금의 맥주에 상당하는 음료를 이용해 빵을 부풀리는 점으로부터 파생해 긴 세월을 거치면서 우량 균주가 선별되어 온 것입니다.

 생이스트와 드라이 이스트의 차이는 무엇입니까?

 일반용의 생이스트는 0~5℃의 냉장 보존 상태로 3주 이상 보존 가능합니다. 드라이 이스트는 건조해도 죽지 않고 휴면

하는 이스트 품종을 사용해 특별한 배양을 실시한 후에 건조시켰기 때문에 냉암소에 보존하면 6개월 이상 보존이 가능합니다.

 약용 이스트란 무엇입니까?

 약용 이스트는 건조 온도를 높게 해 빵을 부풀리는 활성을 없게 한 불활성화 드라이 이스트로, 주된 용도는 배양지용입니다. 효모는 비타민류나 필수 아미노산 등 영양소의 밸런스가 뛰어나기 때문에 배양에 필요한 영양소를 인공적으로 배합하는 것이 어려운 미생물의 배양에 첨가해 사용되고 있습니다.

 그렇군요. 판사님, 이스트가 세균의 일종이라고 말한 원고의 생각과는 달리 이스트는 빵을 만드는 데 꼭 필요한 재료 중 하나였습니다. 따라서 세균을 넣어 빵을 만든다고 했던 원고의 생각은 잘못된 생각이지요. 그러니 원고는 안심하고 이스트를 사용해 빵을 만드셔도 될 것 같습니다.

 비오 변호사께서 판결까지 해 주셨군요. 원고는 들으셨지요? 안심하고 빵을 만드십시오. 이상으로 재판을 마치겠습니다.

 배양

배양은 적당히 인공적으로 조절한 환경 조건에서 미생물이나 발생 상태에 있는 동물이나 식물의 배에 생물체의 기관이나 조직, 세포 등을 키우는 과정을 말한다.

재판이 끝난 후, 짠내와 엄마는 계획대로 빵 만들기 이벤트에 참가했다. 처음으로 빵을 만들다 보니 우승을 하지는 못했지만 나름 입맛에 맞는 빵을 만들며 즐거운 시간을 보냈다.

치즈 속의 곰팡이

곰팡이가 핀 치즈를 먹을 수 있을까요?

사건속으로

그의 이름은 송기름, 나이 스물여덟 살, 좋아하
는 것은…… 치즈?

나는 그에 대해 알고 있는 게 거의 없다. 하지만
며칠째 그를 쭉 지켜본 결과 그는 치즈를 정말 미치도록 좋아한다
는 것을 알게 되었다.

그는 늘 아침저녁 식사로 치즈를 재료로 한 다양한 음식을 먹는
다. 피자, 치즈 케이크, 치즈 샐러드, 치즈 닭구이, 치즈 카레 등등.
그가 식사하는 모습을 보고 있을 때면 나는 늘 속에서 더부룩한
기운이 나를 감싸는 것을 느낀다. 그래서 늘 고추장을 챙겨 들고

와 찍어 먹으며 그의 식사를 지켜보곤 한다.

어느 날 그가 독서하는 것을 보았다. 세상에! 그가 읽고 있는 책은 《누가 내 치즈를 옮겼을까?》였다. 그 모습을 보곤 고개를 절레절레 흔들었다.

'그는 정말 치즈를 좋아하는군.'

나는 그가 독서하는 것을 지켜보며 문득 우리의 첫 만남을 생각했다. 그때는 화창한 유월이었다. 친구가 정말 멋있는 남자를 소개시켜 준다는 말에 쪼르르 친구를 따라 레스토랑으로 갔었다. 그는 역시 느끼한 치즈 요리로 테이블을 가득 채웠다. 나도 그를 따라 치즈 요리를 먹다가 너무 느끼해서 자리를 박차고 일어났다. 하필이면 그때 내 손가락에 있던 예쁜 반지가 쏙 빠져서 그가 마시고 있던 치즈 와인 속에 빠져 버렸다. 하지만 그는 그것도 모른 채 내 반지가 든 치즈 와인을 꿀꺽 마시고 말았다.

"으악, 내 반지!"

나는 그를 향해 외쳤으나 그는 영문도 모른 채 눈가에 미소를 띠우곤 말했다.

"왜 일어나시죠? 제가 마음에 안 드시나 봐요?"

"그게 아니라……."

"아, 그럼 치즈가 입맛에 안 맞으신가 봐요. 저는 치즈를 싫어하는 사람과는 만날 수 없습니다. 죄송합니다. 먼저 가 볼게요."

그렇게 그 남자는 뚜벅뚜벅 빠르게 사라져 버렸다. 나는 황당해서 우두커니 테이블 앞에 서 있다가 허둥지둥 그를 따라 나섰다.

"저기요, 죄송하지만 제 반지를 가지고 가셨어요."

"뭐라고요? 이 아가씨 정말 웃기는 아가씨네! 내가 언제 댁의 반지를 가져갔습니까? 몸수색이라도 해 보시겠어요?"

"아까 제 반지를 마셨어요."

"뭐라고요?"

"아까 제가 치즈 와인에 반지를 떨어뜨렸는데 그걸 홀라당 마셨잖아요!"

"이것 보세요! 제가 와인 속에 반지가 들어 있었다면 마실 때 왜 몰랐겠습니까? 괜히 생사람 트집 잡지 마시고 갈 길 가세요."

"아니, 댁 뱃속에 내 반지가 있다니깐요!"

그는 소리 지르는 나를 놔둔 채 버스를 타러 가 버렸다. 나는 얼른 뒤따라 버스에 탔다. 결국 그의 집까지 따라갈 수밖에 없었다. 이젠 어쩔 수 없다. 그가 얼른 화장실에 가길 기다리는 수밖에. 그래서 며칠째 이렇게 그의 행동만을 주시하고 있다.

'도대체 반지 때문에 이게 무슨 고생이람, 휴우!'

그나저나 이 남자 해도 해도 너무 느끼하다. 그의 생활은 치즈로 시작해 치즈로 끝난다. 그의 집 거실에는 치즈 사진 여러 장이 걸려 있고 늘 틀어 놓는 노래도 치즈송이다.

'치~즈 좋아! 치~즈 좋아! 치즈 좋아요! 랄라라라!'

난 이제 치즈란 말만 들어도 온 몸이 뒤틀리며 고추장 생각이

젤 먼저 떠오른다. 내일은 김치를 준비할까? 앗, 그가 나갈 준비를 한다. 따라 나가야겠다.

'저 남자 도대체 화장실 언제 가는 거얏!'

역시나 그는 새로 오픈한 치즈 가게로 들어갔다. 나는 재빨리 선글라스와 뽀글이 가발을 쓰고 따라 들어갔다.

"이번에 새로 나온 치즈 있죠? 그것 주세요."

'흠, 역시 새로 나온 치즈를 맛보러 왔군.'

"저기, 주문하시겠어요?"

"아! 저, 저요? 저도 새로 나온 치즈로 주세요."

'으악, 치즈라면 진짜 질색인데!'

나는 당황해서 똑같이 새로 나온 치즈를 주문하고 말았다.

"어라? 치즈 색깔이 이상하네! 흰 치즈에 파란색 알갱이가 있네. 잠깐만! 파란색이면 이거 곰팡이 아니야?"

나는 당황해서 그를 바라보았다. 그는 마침 스푼으로 치즈를 듬뿍 떠서 입으로 넣으려는 중이었다.

"잠깐만요, 이 치즈 먹지 마세요. 이 치즈 상했어요. 곰팡이 폈다고요!"

나는 그의 스푼을 던지며 소리쳤다. 그는 당황한 얼굴로 나를 쳐다봤다.

"어떻게 곰팡이가 핀 치즈를 팔 수 있죠? 이 가게를 당장 생물 법정에 고소하겠어요!"

초록색 반점이 많은 블루치즈는 양젖으로 만드는 로크포르 치즈를
제외하고는 대부분 소젖으로 만듭니다. 커드를 휘저어 소금을 친 후
푸른곰팡이의 균주를 넣어 숙성시킵니다.

블루치즈와 곰팡이의
관계는 뭘까요?
생물법정에서 알아봅시다.

 재판을 시작하겠습니다. 원고 측 변론하

십시오.

 원고는 피고의 치즈 가게를 방문했습니

다. 그리고 새로 나온 치즈를 시켰지요. 그런데 피고가 내온

치즈에는 푸른색의 반점이 가득했습니다. 치즈에 곰팡이가

핀 것이지요. 어떻게 곰팡이가 핀 치즈를 먹으라고 줄 수가

있지요?

 원래 치즈가 그렇게 생긴 것 아닐까요?

 판사님은 일부러 곰팡이 핀 음식을 파는 음식점을 본 적 있으

십니까?

 그건 아니지만 확실한 건 비오 변호사에게 물어봅시다.

 왜 항상 비오 변호사에게 물어보는 겁니까?

 생치 변호사께서 모르고 계시지 않습니까? 대답하실 수 있으

십니까?

 흠흠, 넘어가십시오.

 피고 측 변론하십시오.

이번 사건의 증인으로 송기름 씨를 부를 것을 요청합니다.

 좋습니다. 그렇게 하십시오.

머리를 깔끔하게 뒤로 넘긴 남자가 증인석으로 나왔다.

 증인, 증인도 원고가 먹은 치즈를 먹어 보셨습니까?

 물론입니다. 원고가 제가 먹는 치즈를 따라서 시켰으니까요.

 흠, 원고가 먹은 치즈가 곰팡이가 핀 불량 치즈입니까?

 아닙니다. 그 치즈는 블루치즈란 것으로 정상적인 치즈입니다.

 블루치즈요? 블루치즈는 어떤 치즈입니까?

 프랑스의 중부 지방과 남부 지방에서 정통적인 방식으로 만들어지는 로크포르, 블루 도베른뉴 등이 블루치즈의 대표적인 예입니다. 치즈의 살이 푸른색 대리석 무늬와 흡사하게 보여 그런 명칭을 얻게 되었습니다. 숙성 기간과 조건이 다양합니다. 예를 들어 로크포르는 3~6개월을 숙성시켜 알맞은 습도와 온도를 지닌 천연 동굴에서 숙성시킵니다.

 블루치즈는 어떻게 만드는 치즈입니까?

 블루치즈는 로크포르와 같이 양젖으로 만든 치즈를 제외하고는 대부분 소젖으로 만듭니다. 소젖이 반죽 형태로 된 후에 커드를 휘젓고 소금을 친 후 푸른곰팡이의 균주를 넣습니다. 그리고 틀 속에 넣은 후 물기를 빼고 이틀 동안 20℃의 상온에 놓아둡니다. 블루 도베른뉴의 경우는 10℃ 정도의 저장고에 적어도 2~3주간 두어 숙성을 시킵니다. 습기를 없애기 위해 각각의 치즈들을 여러 차례 뒤집어 줍니다. 포장이 된 후에는 구매자의 창고에서 숙성이 끝나게 됩니다.

 블루치즈의 모양은 어떠합니까?

 블루치즈는 초록색 반점이 많은 치즈입니다. 기름기가 많고 밝은 색을 띤 단단한 치즈 살 위에 푸릇푸릇한 초록빛이 나는 반점들을 볼 수 있습니다.

 맛은 어떻습니까? 맛있나요?

 강하지만 역하지 않은 향기가 블루치즈의 맛을 대변해 줍니다. 적당히 기름진 부드러운 촉감입니다. 물론 먹는 사람에 따라 다르겠지만요.

 블루치즈를 먹을 때 맛있게 먹는 방법이나 알아두면 좋은 것이 있을까요?

 강한 미각을 풍부하게 지닌 블루치즈는 호두나 건포도가 들어간 빵과 곁들이면 아주 제격이며 언제나 치즈 접시의 한 자리를 장식할 수 있습니다. 식사를 끝낼 쯤 빵 위에 얹어 먹으면 좋아요. 샐러드, 수플레, 키슈, 소스 등의 요리에도 사용됩니다. 잘 어울리는 포도주로는 그라브, 생테밀리옹, 코트 뒤론, 카오르, 코르비에르, 뮈스카데 등이 있습니다.

 치즈뿐 아니라 와인에 대해서도 많이 알고 계시군요. 잘 알겠습니다. 판사님, 치즈에 대해 잘 알고 있는 증인의 말을 통해

서 알 수 있듯이 블루치즈는 먹을 수 없는 치즈가 아닙니다. 치즈에 대해 잘 모르는 사람들은 오해할 수도 있지만 꽤 맛있는 치즈이지요. 따라서 불량 치즈를 판다고 했던 원고의 말은 잘못된 것입니다.

블루치즈가 곰팡이 핀 불량 치즈가 아니라는 것이 밝혀졌으니 피고를 고소한 원고는 그 잘못을 인정할 수밖에 없겠군요. 원고는 누명을 쓰고 불쾌했을 피고에게 사과를 하고 오해를 풀기 바랍니다. 이상으로 재판을 마치겠습니다.

재판이 끝난 후, 그녀는 치즈 가게 주인에게 정중히 사과를 했다. 그러자 마음씨 좋은 주인은 커플 무료 시식권 10장을 그녀에게 주었다. 그녀는 남자가 좀 느끼하긴 했지만 치즈에 관한 그의 해박한 지식에 반해서 사귀어 보기로 했다.

 플레밍

영국의 과학자인 플레밍은 포도상구균이라는 세균을 배양하던 중 접시를 잘 관리하지 않아 생긴 푸른곰팡이가 포도상구균을 죽인다는 사실을 우연히 알아냈다. 실험을 통해 이 푸른곰팡이에 세균을 죽이는 물질이 들어 있다는 것을 밝혀내고 그것을 페니실린이라고 이름 붙였다. 그는 이 업적으로 1945년 노벨 생리의학상을 받았다.

변비 끝!

요구르트를 많이 마시면 변비로부터 탈출할 수 있을까요?

사건속으로

"하나, 둘, 셋! 자, 거기 뽀글머리 아주머니! 계속 따라해 주세요. 쉬지 마시고 한 번 더 갑시다. 하나, 둘, 셋, 오~케이! 거기서 다리 올리시고, 랄랄라~ 랄랄라랄라~ 랄랄라!"

"헉헉, 아이고 코치님! 너무 힘들어요."

"여기서 멈추시면 안 되는 것 아시죠? 자, 우리 음악에 몸을 싣고 한 번 더 팔과 다리는 쭉쭉, 엉덩이와 배는 과감하게 흔드세요. 하나, 둘, 셋, 렛츠 고~!"

땀 냄새와 열정으로 가득 찼던 재즈댄스 수업이 끝났다. 더힘내 아줌마는 지친 몸을 이끌고 집으로 돌아갔다. 더힘내 아줌마에게는 남모를 고민이 있었다. 그것은 바로 변비였다. 더힘내 아줌마는 큰 볼일을 며칠씩이나 보지 못했다. 아랫배가 묵직한 것이 금방이라도 뭔가 뱃속에서 나올 것 같았지만 막상 화장실에 가면 언제 그랬냐는 듯 조용했다. 아무리 힘을 줘도 더힘내 아줌마가 보고 싶어 하는 것은 나오지 않았다.

"휴, 어쩌면 좋지? 변비가 지속되니 점점 짜증만 늘고 배는 튀어나오고 이게 사람 배야? 아니면 올챙이 배야?"

더힘내 아줌마가 집에 도착하니 사람들이 집 앞에 서성거리고 있었다.

"어머, 어쩐 일이세요?"

"힘내야, 어디 갔다가 이제 오는 거야? 오늘 너희 집에서 기도 모임 있는 거 잊었어? 얘, 얼른 들어가자. 대문 밖에서 30분이나 기다렸어."

"아, 깜빡했네. 그래, 얼른 들어오세요."

사람들은 거실에 모두 둘러앉았다.

"자, 우리 모두 두 손 모으고 기도합시다."

목사님의 말에 따라 사람들은 두 손을 모으고 기도를 하기 시작했다.

"일주일 동안 자신이 힘들었던 것을 떠올리고 거기에 대해서 기도를 받칩시다."

더힘내 아줌마는 그 순간 자신의 변비에 대해서 기도를 하기 시작했다.

"오, 하나님! 제발 저의 변비를 없애 주세요. 이것이 얼마나 큰 고통인지 당신은 알지 못합니다. 아랫배가 묵직합니다. 어느 날부터 바지 벨트가 잠기지 않습니다. 사람들이 변비에는 재즈댄스가 좋다기에 재즈댄스 교실에 나가서 열심히 따라 하고 있지만 여전히 제 변비는 해결될 기미조차 보이지 않습니다. 언젠가부터 화장실에 머무는 시간이 30분, 40분 점차 길어지고 있습니다. 하지만 여전히 유쾌상쾌통쾌를 맛볼 수 없습니다. 하나님! 제발 저의 고민을 해결해 주세요. 아멘!"

더힘내 아줌마가 기도를 하고 눈을 뜨자 모든 사람들이 기도를 멈추고 자신을 바라보고 있는 것을 보았다. 아뿔싸! 마음속으로 해야 하는 기도를 답답한 마음에 큰소리로 외치며 했던 것이다. 얼굴이 홍당무로 변한 더힘내 아줌마는 고개를 숙이고는 화장실로 뛰어갔다. 조용한 분위기 가운데 갑자기 목사님이 웃음을 터뜨리기 시작했다. 그러자 다른 사람들도 배꼽을 잡고 웃기 시작했다.

"우리 힘내 아주머니, 또 30분 있다가 화장실에서 나오시는 것 아냐? 호호!"

"아냐, 이번엔 좋은 소식이 있을지도 몰라."

더힘내 아줌마는 부끄러워서 거실로 나갈 수가 없었다.

"힘내 아주머니, 어서 나와요. 이제 저희 가 봐야 해요. 하하!"

더힘내 아줌마가 문을 빠끔히 열고 살포시 나왔다. 빨개진 얼굴을 감추며 사람들을 배웅했다. 사람들은 저마다 웃으며 더힘내 아줌마의 집을 나섰다. 그중 한 사람이 집을 나서면서 더힘내 아줌마의 귀에 속삭였다.

"힘내 아주머니, 변비 때문에 고생인가 봐요. 나도 작년에 변비 때문에 얼마나 고생했는지 몰라. 호호! 내가 어떻게 변비 탈출했는지 알려줘? 호호!"

더힘내 아줌마의 눈이 번쩍 뜨였다.

"그게 진짜예요? 어떻게 탈출했어요? 어떻게요?"

"슈퍼마켓 가서 요구르트 사 먹어요. 요구르트가 장운동을 활발하게 만들어서 변비에 그렇게 좋대. 호호! 나도 그거 먹고 탈출했잖아."

더힘내 아줌마는 그 말을 듣자마자 슈퍼마켓으로 쌩하니 뛰어갔다. 슈퍼 입구에 커다란 광고가 붙어 있었다.

변비 탈출을 원하세요? 그럼 이 요구르트를 드세요! 나처럼 날씬한 배를 원하세요? 그럼 이 요구르트를 드세요! 바로 직방이랍니다!

"호호호, 이거군! 이거 얼마예요? 여기 이거 10개, 아니 20개 주세요."

더힘내 아줌마는 요구르트를 가득 사들고 집으로 뛰어왔다.

"얼른 먹어야지. 아냐, 요구르트를 따뜻하게 데워서 먹으면 요구르트 안에 있는 좋은 균이 더욱 활발하게 움직이겠지? 그럼 두 배의 효과? 호호호! 라랄라~! 요구르트를 전자레인지에 데우고 ~ 얍얍~ 따뜻하게 데워지면~ 랄라라~ 뜯어서 내 입에 쏘옥~ 호호!"

그렇게 더힘내 아줌마는 변비 탈출을 위해 요구르트를 따뜻하게 데워서 매일 매일 먹었다. 하지만 몸에 아무런 반응이 없었고 여전히 아줌마는 화장실에서 30분을 보내야만 했다.

"도저히 못 참겠어. 그때 슈퍼 앞에 붙은 광고지에 뭐? 변비 탈출을 원하면 이 요구르트를 먹으라고? 이렇게 매일 먹었는데 아무 효과도 없잖아. 이런 사기꾼들 같으니라고! 내가 이 요구르트 회사를 당장 사기 광고로 생물법정에 고소해 버리겠어."

요구르트는 동물의 젖을 유산균으로 발효시킨 것입니다.
요구르트를 마시면 유산균이 대장 내에서 독소를 생성하는 유해 미생물을
억압하고 부패 성분의 발생 및 흡수를 억제해 줍니다.

**변비에 도움을 주는
요구르트가 있나요?**
생물법정에서 알아봅시다.

 재판을 시작하겠습니다. 원고 측 변론하
세요.

 평소 변비로 고생하던 원고는 피고 회사
의 요구르트 광고를 보고 요구르트를 구매했습니다. 그후 요
구르트를 매일 한 번씩 꼭꼭 먹었는데 조금도 나아지는 기미
가 보이지 않았습니다. 광고에는 그 제품을 마시면 직방이라
고 해 놓고 정작 변비엔 아무런 효과가 없으니 이는 허위 과
장 광고임에 틀림없습니다. 피고는 그 책임을 지셔야 합니다.

 피고 측 변론하십시오.

 타사 요구르트 제조업자인 다뚫려 씨를 증인으로 요청합니다.

연예인 뺨치는 몸매를 가진 한 여성이 증인석으로
나왔다.

 요구르트는 어디에서 나온 것입니까?

 본래 요구르트는 발칸 지방, 중동, 특히 동부 지중해 연안 국
가에서 만들어 음용하던 것입니다. 이미 1백 년 전에 러시아

태생의 생물학자인 메치니코프는 불가리아에 장수자가 많은 이유가 유산균이 많은 요구르트를 상용하기 때문이라고 주장한 바 있습니다. 바로 요구르트를 마시면 유산균이 대장 내에서 독소를 생성하는 유해 미생물을 억압하고 이 때문에 부패 성분의 발생 및 흡수를 억제한다는 것입니다.

 요구르트는 무엇을 말하는 것입니까?

 요구르트는 우유와 같은 동물의 젖을 유산균으로 발효시킨 것을 말하며 제조 원료와 사용된 유산균 등에 따라 종류도 다양합니다. 먼저 아무것도 첨가하지 않은 플레인 요구르트는 락토바실루스 불가리쿠스나 스트렙토코커스 서모필러스와 같이 유산균을 이용해 발효시킨 제품인데 이들이 만드는 유산 때문에 우유의 주성분인 단백질이 굳어 연두부와 같은 형태를 띠고 있습니다. 이것이 바로 '떠먹는 요구르트'로, 약간 신맛이 나기 때문에 많은 분들이 과즙이나 과일잼을 섞은 제품을 선호합니다. 이외에 액상 요구르트가 있는데 주로 우리나라와 일본에서 많이 생산됩니다. 최근 우리나라의 요구르트 업체에서는 기존의 외국에서 수입해 온 유산균 이외에 다양한 토종 유산균을 개발하여 사용하고 있습니다. '한국인의 유산균'처럼 광고에 사용되는 종류입니다.

 요구르트가 정말 변비에 효과가 있습니까?

 물론입니다. 그러나 유산균은 영원히 대장에 머물지 않으므로 효과를 보기 위해서는 아침저녁으로 꾸준히 복용하는 것이 좋습니다.

 네, 잘 알겠습니다. 요구르트가 변비에 효과가 있음이 확실하군요. 그런데도 원고가 효과를 보지 못한 것은 무엇 때문일까요? 판사님, 증인의 말을 들었을 때 요구르트가 분명 변비에 도움이 된다는 것을 알 수 있습니다. 그런데도 원고가 효과를 보지 못했다고 했으므로 증인이 말한 대로 좀 더 자주 요구르트를 마실 것을 권합니다.

 원고는 요구르트를 아침저녁으로 복용하시기 바랍니다. 그래도 효과가 없을 시에는 원인을 찾아 다른 방법을 사용해 보셔야겠습니다. 요구르트가 대장 운동에 도움을 주어 변비 해소에 도움을 주는 것으로 밝혀졌으므로 원고는 피고에게 사과를 하셔야 될 것입니다. 이상으로 재판을 마치겠습니다.

재판이 끝난 후, 더힘내 아줌마는 판결대로 아침저녁으로 요구르트를 복용했다. 그렇게 일주일 정도 아침저녁으로 마시자 조금

 요구르트

요구르트는 유산균 우유 중의 하나이다. 상쾌한 맛이 나며 소화가 잘 되고, 살아 있는 유산균을 함유하고 있으므로 장내의 나쁜 균을 죽이는 역할도 한다.

씩 몸에 변화가 일어나기 시작했다. 그렇게 계속 복용한 후 한 달 정도 지났을 때 더힘내 아줌마는 드디어 변비에서 완전히 벗어날 수 있었다. 매일 아침마다 깨끗하게 비워진 장의 느낌을 즐기며 더힘내 아줌마는 그 후로도 요구르트 마니아가 되었다.

술과 공기는 상극

포도주는 어떻게 만들어질까요?

사건속으로

우리 동네에는 나이스샷이라는 레스토랑이 있다. 이름이 희한한 만큼 스테이크로 유명하다기보다는 고품질의 포도주로 유명한 곳이다. 할머니가 그러시길 100여 년도 더 된 가게라며 늘 칭찬을 아끼지 않으셨다. 그곳의 포도주는 마치 신이 만든 물방울이라며 매년 할아버지와 함께 결혼기념일에 그곳에 가셨고 나의 스무 번째 생일에도 나를 데리고 가 스테이크와 함께 구경하기도 힘든 40년산 포도주를 사 주셨다.

"애야, 나도 네 나이 때 생일에 할아버지께서 40년산 포도주를

이곳에서 사 주셨단다. 그 맛이 얼마나 향긋하고 감미로웠던
지……."

할머니 말씀처럼 정말 그 맛은 말로 형용할 수 없었다. 첫맛은
쌉쌀하나 중간은 감미롭고 끝 맛은 달콤한 게 정말 대륙의 햇살을
먹고 자라난 포도의 그것과 흡사했다.

"할머니, 포도주가 이렇게 맛있다는 걸 예전엔 미처 몰랐어요."

"너도 이제 여자 친구나 아내가 생기면 기념일을 여기서 포도주
를 한 잔 하며 보내렴. 정말 강추한단다."

"그거 좋네요. 근데 아직 여자 친구가……."

"녀석, 아직 여자 친구도 없고 뭐하누? 우리 손자가 얼마나 멋
있는데?"

"그러게요, 하하하!"

그러던 어느 날 나의 절친한 친구 궁금해가 나를 찾아왔다.

"나 어제 나이스샷에 갔었는데 마침 레스토랑 주인이 아르바이
트를 구한다고 해서 내가 며칠 후부터 일하기로 했어."

"정말? 너 그런 고급 레스토랑에서 일해 본 적 있어? 그것도 기
초 지식이 있어야 하는데?"

"짜식, 이 형을 아직도 못 믿는 거냐? 내가 척 하면 딱 하는 스
타일 아니냐? 어쨌든 열심히 돈 벌어서 내가 비싼 밥 한번 쏜다."

"그럼 좋지!"

며칠 후 궁금해는 레스토랑에 아르바이트를 하러 갔다.

"일손이 모자라던 참에 정말 잘 왔다. 오늘부터 자네가 할 일은 손님들에게 포도주를 제공하는 일이다. 이 일은 정말 중요하다. 우리 가게가 포도주로 유명한 건 이미 알고 있겠지?"

"네, 물론이죠."

"음, 좋아! 어쨌든 당장 할 일은 포도주 종류와 포도주 창고의 배치를 다 외우는 일이란다. 물론 바로 익히는 건 힘들겠지만 부디 빨리 익힐 수 있도록!"

"저도 외우는 거라면 자신 있어요. 맡겨 보세요."

지배인의 요구에 궁금해는 자신감을 보이며 흔쾌히 수락했다.

포도주의 종류는 정말 많았다. 백포도주, 적포도주, 분홍포도주 등등. 궁금해는 창고에 비치되어 있는 포도주를 하루 종일 외우고 또 외웠다.

'에휴, 이 많은 걸 어느 세월에 다 익히나? 이거 그냥 이름만 봐서는 도저히 모르겠는걸.'

궁금해는 손님들에게 포도주를 제공하는 자신의 임무에 확신이 조금 사라진 듯했다.

'내가 먼저 포도주의 맛과 향을 잘 알아야 손님들에게 자신 있게 추천할 수 있지 않을까?'

그때 번뜩 궁금해의 머릿속을 스치는 아이디어가 있었다.

'그래, 직접 포도주의 향과 맛을 보는 건 어떨까? 어차피 조금만 맛보고 뚜껑을 덮어 놓으면 아무도 모를 거야.'

그래서 궁금해는 포도주를 하나하나 따기 시작했다.

'음, 이건 저것보다 맛이 더 진하고 향이 좋아. 역시 오래되어야 좋은 술이구나.'

'이건 추운 지방에서 와서 그런지 더 취하는 거 같은데……'

궁금해는 그렇게 수십 병을 조금씩 맛보았다. 그러다가 아주 놀라운 것을 발견했다. 그것은 포도주 제조기였다. 처음 보는 것이라 매우 신기해하던 궁금해는 덮개를 열어 포도주를 구경했다.

'야, 이거 보기보다 신기한걸. 포도주가 여기서 만들어지는구나.'

이리저리 구경을 하던 궁금해는 조금씩 비틀거리기 시작했다. 포도주에 함유되어 있는 알코올 성분 때문에 취기가 올라오기 시작한 것이다.

'어? 취하는걸. 오늘 일 많이 했으니 잠깐 좀 쉬자. 음냐~ 음냐!'

취한 궁금해는 포도주 뚜껑을 열어 놓은 채로 잠깐 잠이 들고 말았다.

"신입, 신입! 어디 있나? 신입!"

외침 소리에 궁금해가 번쩍 깼다.

"뭐지? 나를 찾는 건가?"

그때 주방장이 창고에 들어왔다.

"신입, 한참 찾았잖아. 지배인이 너 찾아. 빨리 나와."

"아, 네! 그래야죠."

궁금해는 얼른 정신을 차리고 지배인에게로 갔다.

"그래, 이제 포도주에 대해 뭐 좀 알겠나? 빨리 적응하고 서비스해야지."

"네네, 좀 알겠어요. 내일부터 당장 하죠."

"벌써? 음, 좋아! 내일부터 당장 시킬 테니 오늘은 그만 가서 쉬어라."

그렇게 궁금해는 집에 와서 푹 쉬었다.

다음 날 레스토랑에 출근한 궁금해는 하마터면 지배인이 던진 프라이팬에 맞을 뻔했다.

"야, 너 어제 무슨 짓을 한 거야?"

깜짝 놀란 궁금해는 잠시 진정을 하고 물어보았다.

"왜 그러세요? 맞을 뻔했잖아요. 제가 무슨 짓을 하다니요?"

"너 어제 창고에서 포도주 마셨지? 맞지?"

지배인은 얼굴이 벌겋게 상기된 채 궁금해를 잡아먹을 듯 씩씩거렸다.

"네, 그러긴 했는데 아주 조금 마셨어요. 저도 맛과 향을 알아야 하니까요. 근데 그게 그렇게 잘못한 거예요?"

"이 자식, 누가 그거 때문에 그래? 너 포도주 제조기 봤어, 안 봤어?"

"물론 그것도 봤지요."

"보고 뚜껑은 어쨌어?"

"뚜껑은…… 뚜껑을…… 덮은 기억이 없네요."

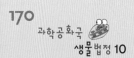

궁금해는 드디어 자신이 저지른 만행을 기억해 냈다. 이리저리 맛을 보다가 취해서 잠이 들었고 지배인이 부르자 뚜껑 덮을 새도 없이 지배인에게 갔다가 집으로 간 것이다.

"죄, 죄송해요. 미처 생각지 못했는데."

"이게 죄송하다면 다야? 네가 어제 뚜껑을 닫지 않아 손해 본 가치가 얼만지 알아? 네가 뚜껑을 열어 놔서 포도주 성분이 다 날아갔잖아."

"그게…… 그렇군요!"

궁금해는 입이 열 개라도 할 말이 없었다. 그러다 지배인이 한마디 말로 상황을 종료시켰다.

"좋아! 알바생에게 손해배상 청구해 봤자 뭐 되겠니? 넌 내일부터 나오지 마라."

"네? 그건 부당해요. 여기서 아르바이트하려고 포기한 아르바이트 자리가 얼마나 많은데요. 실수할 수도 있는 건데 너무합니다."

"그건 내 알 바 아냐!"

"좋아요, 그럼 생물법정에 소송을 걸겠어요."

포도주는 적색 포도를 통째로 으깬 다음 효모와 아황산을 넣어 만드는
술입니다. 아황산은 포도주의 산화를 막고 효모 이외의 곰팡이 같은
미생물이 자라는 것을 방지해 줍니다.

술과 공기는 상극일까요?
생물법정에서 알아봅시다.

 재판을 시작합니다. 원고 측 변론하세요.

 원고는 피고의 레스토랑에서 아르바이트
를 하게 되었습니다. 원고에게 맡겨진 역
할은 손님들에게 포도주를 제공하는 일이었습니다. 그래서
맡겨진 역할을 다 하기 위해서 창고에 보관해 둔 포도주의 이
름을 모두 외워야 했고, 이왕 외우는 거 맛을 보고 더 확실하
게 배우겠다는 마음으로 포도주를 한 모금씩 시음해 보았지
요. 그러다가 포도주 제조기를 보게 되었고 제조기 뚜껑을 열
어 포도주를 구경했습니다. 그러다가 취기가 오는 바람에 제
조기 뚜껑을 닫는 것을 깜빡했지만, 그것은 실수 아니겠습니
까? 처음 일을 할 때는 누구나 실수를 하는 겁니다. 그런데
사소한 실수 하나로 해고라니요? 부당합니다. 원고의 해고를
취소해 주십시오.

 작은 실수 하나로 원고를 해고한다니 조금 야박하다는 생각
이 드는데요. 피고 측 변론하십시오.

 생치 변호사께서는 원고가 했던 행동이 작은 실수였다고 했
지만, 포도주 제조기의 뚜껑을 닫지 않은 것은 제조기 속의

포도주에 커다란 타격을 주는 큰 실수였습니다. 배상을 요구하지 않은 피고가 오히려 관대한 것이지요.

 제조기의 뚜껑을 잠시 열어 두는 것이 그렇게 포도주에 타격을 주는 일인가요?

 물론입니다. 자세한 설명을 위해 레스토랑 포도주 관리를 맡고 있었던 주류관리해 씨를 증인으로 요청합니다.

깔끔한 레스토랑 유니폼을 입은 젊은 남자가 증인석으로 나왔다.

 포도주는 어떤 술입니까?

 양조주에 속하는 술입니다. 양조주는 과일에 있는 단당류를 바로 발효시키거나 곡물에 있는 녹말을 당화시킨 다음 발효시키는 술의 종류이지요.

 포도주는 어떤 방법으로 만들어지나요?

 포도주를 만드는 방법은 먼저 원료가 되는 적색 포도를 통째로 기계로 으깬 다음 효모와 아황산을 넣습니다. 발효에 사용되는 미생물은 자연적으로 포도껍질에 존재하는 효모를 사용할 수도 있습니다. 하지만 이들은 알코올에 대한 내성이 적어서 발효하는 동안 우리가 원하지 않는 다른 잡균이 자라기 쉽습니다. 그래서 대부분의 상업용 포도주 발효에는 사카로마

이세스 엘립소이듀스와 같은 효모를 실험실에서 대량으로 키워서 사용합니다. 이때 같이 넣어 주는 아황산은 포도주가 산화되는 것을 막고, 효모 이외의 곰팡이와 같은 다른 미생물이 자라는 것을 방지하는 역할을 합니다.

그 다음 20~25℃ 정도의 발효조에 넣어 3주 정도 발효시킨 다음 여과해서 액체만 모으면 술 발효가 모두 끝나게 됩니다. 이때 1~2% 정도의 발효가 안 된 포도당 성분이 남아 있는데, 여과액을 1~2년간 13~15℃ 정도의 저온에서 천천히 발효시키면 남은 당 성분이 0.2% 이내로 줄어들고 단맛도 줄어들게 됩니다. 이렇게 발효를 마친 포도주는 나무통에 넣고 저장하는데, 1년에 세 번 정도 통을 바꾸어 가면서 숙성시킵니다. 숙성된 포도주는 깨끗이 여과를 한 다음 병에 넣고 6개월 이상 다시 숙성시킵니다.

 그렇군요. 그런데 원고가 포도주 제조기의 뚜껑을 오래 열어 두었기 때문에 포도주를 쓸 수 없게 되었군요.

 판결합니다. 증인의 증언과 사건의 정황을 보았을 때, 원고가 포도주 제조기의 뚜껑을 열었다가 닫지 않은 것은 그저 작은 실수가 아니라 포도주 전체에 큰 영향을 준 대단한 실수였던 것 같습니다. 따라서 원고는 그 피해를 모두 보상해야 하지요. 그러나 피고는 원고에게 피해 보상을 요구하지 않았고 대신 해고를 통보했습니다. 원고는 피고의 영업에 큰 손해를 끼

쳤으므로 쉽게 용서될 일이 아닌 것 같군요. 따라서 원고는 아쉽지만 피고의 요구대로 해고에 응하시기 바랍니다. 이상으로 재판을 마치겠습니다.

결국 궁금해는 판결에 따라 해고될 수밖에 없었다. 그러나 그 후로도 궁금해는 매일 레스토랑을 찾아와서 술과 관련된 과학 상식을 열심히 공부하고 있다며 다시 복직시켜 달라고 요청했고, 궁금해의 끈기에 못 이겨 결국 사장은 한 달 만에 궁금해를 복직시켜 주었다.

 발효

발효는 효모나 세균, 곰팡이와 같은 미생물에 의해서 유기 화합물이 분해되거나 산화 또는 환원하여 알코올이나 탄산가스 등으로 변하는 현상을 말한다.

과학성적 끌어올리기

유산균의 나라 – 김치

여러분은 식사할 때마다 김치를 먹고 있나요? 김치는 우리나라를 대표하는 고유의 건강 음식이죠. 김치의 기원은 신석기 농경시대 때 채소를 재배할 수 없는 겨울에 채소를 보관하기 위해 소금에 절인 것이 그 시작이라고 추측하고 있습니다. 역사적으로는 삼국 시대 이전부터 김치를 애용했다는 것을 알 수 있지요.

혹시 김치 속에 우리 몸에 좋은 유산균이 많다는 사실을 들어 본 적이 있나요? 또 김치는 발효 과학이라는 말을 들어 본 적이 있나요? 어떻게 김치 속에 유산균이 많을 수 있는지, 또 왜 발효 과학이라고 하는지 알아봅시다.

처음 담근 김치는 소금을 많이 머금은 매우 짠 환경입니다. 이런 환경에서는 아무리 영양가가 많다고 해도 대부분의 미생물은 자랄 수 없답니다. 그리고 김치 속엔 산소가 없어서 혐기성(산소를 싫어하는) 미생물만 자랄 수 있지요. 유산균은 소금이 많고 산소가 없는 환경에서 자랍니다. 이 유산균이 김치를 발효시키는 원인이 되는 거죠.

김치를 담근 뒤 시간이 지나면 김치가 시어집니다. 우리는 이것

과학성적 끌어올리기

을 '김치가 익는다'라고 표현하기도 하죠. 유산균이 김치 내의 영양분을 이용해서 발효하면 유기산이 많이 생기게 되고 김치 속이 산성화되면서 신맛이 나는 거죠. 이때 김치 속에서는 유산균 외에 다른 미생물이 자랄 수가 없답니다. 그야말로 김치 속은 유산균이 가득한 거죠. 그러나 한 유산균만 계속 김치 속에 있는 것은 아닙니다. 여러 유산균들이 차례차례 김치 속을 지배하지요. 그러다 어느 순간 산성도가 낮아지면서 유산균들이 죽기 시작하고 효모

가 발효하기 시작합니다. 종종 너무 익힌 김치를 보면 하얗게 자란 덩어리가 있는데 이것이 효모랍니다.

현재 우리나라에서는 김치 유산균에 대한 연구가 활발하게 진행되고 있습니다. 이 유산균들의 이름에는 모두 '김치' 또는 '코리아' 라는 꼬리표가 붙어 있답니다. 김치 유산균을 연구함으로써 고품격 김치를 발명하는 것은 물론이고 식중독 등 해로운 세균을 물리칠 대체 방법을 찾는 등 여러 방면에 쓰이고 있답니다.

기타 미생물에 관한 사건

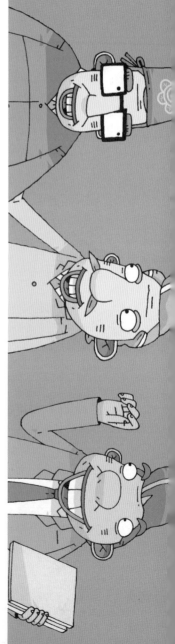

제4장

부영양화 – 붉은 바다

토양 미생물 – 제초제를 쳤는데 왜 곡식이 자라지 않는 거지?

붉은 바다

적조 현상이 생기면 왜 물고기들이 죽을까요?

블루오션 마을은 대규모 양식장으로 매우 유명
한 곳이다. 주민들은 양식을 주업으로 하며 생활을
유지하고 살았다. 바닷가 주위엔 횟집이 즐비했고
전국에서 사람들이 생선회를 먹거나 횟감을 도매로 구입하기 위
해 자주 왕래를 했다.

"이번 시즌엔 오징어가 풍년이네."

"황 사장님, 저희는 도다리입니다. 하하하!"

'누가 더 많이 풍년이네!' 하고 자랑이나 하며 한적하게 살던
이 바닷가에 공장이 들어서기 시작했다. '쎙쎙피혁' 이라고 불리는

가죽 공장이었다.

"가죽 공장이 이런 동네엔 왜 왔대?"

"이웃 도시의 군납 업체라서 여기까지 왔대요. 근데 우리 양식에 피해는 끼치지 않을까요?"

"공기업이라 설마 그러진 않겠지요?"

사람들은 새로운 공장 설립에 기대 반 불안 반으로 기다렸다. 그러다 공장이 준공되고 결국 공장 라인이 돌아가기 시작했다.

"여러분, 저희 기업은 군납뿐 아니라 각종 가죽 제품을 주문 생산하기도 한답니다. 이 지역에 사시는 분들은 특별히 세일해 드리고 있으니 기왕 필요하신 분은 지금 주문하세요."

홍보 위원으로 보이는 젊은 남자가 마을을 돌아다니며 인사를 했다.

"근데 젊은 양반, 우리 노인네들과 마을 사람들은 여기 가두리 양식장을 하며 근근이 살아가고 있다오. 근데 가죽 공장이 들어서서 피해를 주지는 않는지 걱정이 되네."

"아무 걱정 마세요. 저희는 공기업이라 투명 경영을 목표로 하고 있습니다. 절대 피해를 주는 일은 없을 겁니다. 애초에 공장이 들어서는 데에도 많은 애로 사항이 있었죠."

"어쨌든 그런 일만 없다면 우리도 공장 가동에 찬성입니다. 우리 집에도 가죽 쓸 데가 많으니 주문 좀 해야겠군요."

"네, 이번 기회에 많이 이용해 주세요."

그렇게 홍보 위원은 가고 주민들은 고개를 갸웃거리며 각자 양식장으로 돌아갔다.

무단아 씨는 블루오션 지역 쌩쌩피혁 공장의 지부장이다. 그는 늘 파격적인 인사와 만행을 일삼아 젊은 나이에 지부장까지 될 수 있었다.

'여기서 빨리 승진해 이사까지 올라가야지. 아무리 공기업이라 해도 실적이 최고야.'

그는 늘 성공을 향한 욕망에 불타오르는 화신이었다. 성공을 위해 법도 도덕도 그에겐 씨알도 먹히지 않았다.

"지부장님, 이번 공장의 폐기물 처리는 7일 후 수거하여 보낼 예정입니다."

"꼭 수거해서 보내야 되나? 비용이 장난이 아니잖아."

"네? 당연히 그래야죠. 그럼 어떡하죠?"

잠시 소름 끼치는 비웃음을 흘리던 무단아 씨는 부하 직원에게 말했다.

"굳이 수거할 필요도 없어. 여기가 어디야? 넓디넓은 바다야. 바다에 잠시 맡겨 둔다는 생각으로 방류해 버려."

"네? 그건 불법입니다. 지부장님, 뭔가 잘못 알고 계신 듯……."

"자네, 성공하기 위해 사람이 무엇을 따라야 하는지 아나?"

"그건 잘……."

말끝을 흐리는 직원에게 무단아 씨가 말했다.

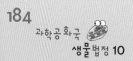

"그것은 법도 윤리도 아닌 이윤이야. 사람이 이윤을 만들어 내야 성공할 수 있는 거야. 우리가 군납하고 여기 사람도 얼마 안 되는 곳에 가죽 제품 몇 개 팔아 봤자 얼마나 남을 거 같나? 폐기물 수거 처리와 저장에 쓰이는 비용이 생산 비용보다 비싼 건 잘 알고 있겠지?"

잠시 혼이 나간 듯 멍하니 듣고 있던 부하 직원이 고개를 끄덕였다.

"우리가 이윤을 최대한 남길 수 있는 건 그것뿐이야. 내가 성공한다면 자네도 인사 이익이 있을 거네."

"그렇지만……."

"내 말대로 하게. 너무 곧고 바르게만 살 필요는 없네. 흐흐흐!"

징그러운 웃음을 흘리며 그는 지부장실로 돌아갔고 부하 직원은 그 자리에 오래도록 서 있었다.

몇 달 후 주민들은 고민에 빠졌다. 이상하게 멀쩡하던 양식장의 어류들이 자고 나면 폐사해 있었기 때문이다. 올해는 기후도 적당하고 적조도 발생하지 않아 풍년일 거라 생각했는데 결국 적조주의보도 발령되고 말았다.

"이상한 일이야. 올해는 적조가 발생하지 않을 거라고 예보도 하고 그랬지 않나?"

"그래요. 그리고 폐사한 어류들을 보면 상태가 매우 좋지 않은 게 냄새도 이상하고……."

"비만 오면 바다에서 이상한 냄새가 나던걸요."

"이상한데?"

주민들은 뭔가 좋지 않은 일이 진행되고 있다는 것을 직감했다. 그들은 그 직감을 바로 올해 생긴 가죽 공장에 적용했다.

"아무래도 저 공장에서 폐수가 나와서 그런 게 아닐까요?"

"네, 냄새도 저기서 심하게 나고 물에서도 가죽 냄새가 나는 것 같아요."

"안 되겠어요. 우리가 직접 찾아갑시다."

그렇게 주민들은 대책위원회를 조직하고 가죽 공장에 따지러 갔다.

"블루오션 주민 여러분, 공장까지 어인 일로 오셨습니까?"

반나절을 기다리던 주민들에게 드디어 지부장이 나타났다. 그가 나타나자 주민들은 일제히 따졌다.

"도대체 공장 폐수를 어디다 버린 거요? 지금 양식장에 죽어 나가는 물고기가 몇 톤인지 아시오?"

"비올 때마다 가죽 냄새가 나는 게 확신이 가네요."

너도나도 따지는 주민들을 비웃기라도 하듯 무단아 씨가 말했다.

"아니, 그건 적조주의보가 발령돼서 그런 거지 어떻게 저희 공장의 잘못이라는 건지…… 저희는 폐수를 방류할 그런 회사가 아닙니다. 공기업의 이미지 실추되게……."

"증거가 없다고 이렇게 발뺌하기예요? 좋아요, 그럼 어디 법정에서 시비를 가려 봅시다. 생물법정에 소송을 걸겠어요."

"어디 마음대로들 해봐요."

적조 현상은 플랑크톤이 엄청나게 번식하여 바다나 강의 색깔이 붉게 바뀌는 것을 말합니다. 적조 현상이 일어나면 물속에 녹아 있는 산소 농도가 낮아져 어패류가 폐사하게 됩니다.

적조 현상은 왜 일어날까요?
생물법정에서 알아봅시다.

 재판을 시작합니다. 피고 측 먼저 변론해
주십시오.

 원고 측에서는 피고의 회사에서 폐수가 나
와서 그로 인해 양식장의 물고기들이 죽어 가고 있다고 주장
합니다. 그러나 양식장의 물고기가 죽어 가는 이유는 적조 현
상 때문입니다. 뉴스에서도 말하고 있지 않습니까? 자연 현상
때문에 일어난 일을 왜 피고에게 떠넘기는지 모르겠네요.

 피고 측에는 책임이 없다는 말인가요?

 당연하죠. 피고가 마법을 부려 자연을 훼손시키는 게 아니라
면 피고에게 책임이 있을 수가 없습니다.

 알겠습니다. 원고 측 변론하십시오.

 적조 현상에 대해 설명해 주시기 위해 KBC 방송국의 기상
캐스터이신 안혜미 씨를 증인으로 요청합니다.

키가 크고 날씬한 S라인 몸매를 가진 아리따운 여성
이 증인석으로 나왔다.

적조 현상은 무엇을 가리키는 말입니까?

 적조는 플랑크톤이 갑작스레 엄청난 수로 번식하여 바다나 강, 운하, 호수 등의 색깔이 바뀌는 현상을 말합니다. 일반적으로 물이 붉게 바뀌는 경우가 많아서 붉은 물이라는 의미에서 적조라고 하지만 실제로 바뀌는 색은 원인이 되는 플랑크톤의 색깔에 따라서 다릅니다. 오렌지색이나 적갈색, 갈색 등이 되기도 하며 이는 적조를 일으키는 생물이 엽록소 이외에도 카로테노이드류의 붉은색, 갈색 색소를 가지고 있기 때문입니다. 적조를 일으키는 플랑크톤은 규조류, 편모조류 같은 식물성 플랑크톤이 가장 일반적이며 한국에서의 적조 기준도 이 두 가지 플랑크톤의 양을 이용합니다. 이외에도 남조류나 원생생물인 야광충, 섬모충에 의해서 적조가 일어나기도 합니다.

 적조가 일어나는 원인은 무엇입니까?

 가장 큰 요인은 물의 부영양화 때문입니다.

 부영양화가 뭔가요?

 물에 유기양분이 너무 많은 경우에 적조가 일어난다는 말입니다. 과거에는 비누나 세제에 포함된 인 성분이 문제가 되었으나 최근에는 영양 물질이 공급되어 일어나는 원인 이외에도 연안 개발로 인한 갯벌의 감소가 큰 문제로 떠오르고 있습니다. 갯벌에 사는 여러 생물은 물속에 있는 미생물이나 플랑크톤을 먹이로 함으로써 이러한 수준을 어느 정도 유지해 주는 자연 정화 역할을 담당하고 있었으나, 간척 사업 등으로 인해 갯벌이 줄어들면서 부영양화가 심해져서 적조가 더욱 심하게 일어나는 것으로 추측되고 있습니다. 이외에도 기온의 변화로 인해 수온이 상승하여 미생물이 더욱 왕성하게 번식하는 경우나 바람이 적게 불어서 바닷물이 잘 섞이지 않는 경우에도 적조가 일어나는 것으로 알려져 있습니다. 특히 최근 엘니뇨 같은 지구 환경 변화에 따른 수온 상승으로 적조가 더욱 자주 나타나는 것으로 알려져 있습니다.

 적조가 일어나면 어떻게 됩니까? 적조가 미치는 영향은 어떤 것들이 있나요?

 적조가 일어나면 물속에 녹아 있는 산소 농도가 낮아지기 때문에 물속의 산소를 이용해서 호흡을 하는 어패류가 질식하여 폐사하는 일이 많이 발생합니다. 그뿐만 아니라 물고기의 아가미에 플랑크톤이 끼여 물리적으로 질식하는 경우도 있으며, 적조를 일으키는 플랑크톤 중독성을 가진 조류가 있어서 이 독성 때문에 폐사하기도 합니다. 이 때문에 적조가 일어나면 어업, 특히 양식업에 큰 타격을 줄 뿐만 아니라 독성 물질이 축적된 어패류를 사람이 섭취함으로써 중독 증상을 보일 수도 있습니다.

 결국 원고의 양식 물고기들이 죽은 것은 적조 현상 때문이군요? 피고 측의 공장 폐수와는 전혀 상관이 없었던 것인가요?

그렇지는 않습니다. 생활하수나 공장 폐수가 바다로 흘러가게 되면 부영양화가 심화됩니다. 특히나 공장 폐수는 최근의 부영양화에 큰 영향을 끼치는 요인입니다.

그렇군요. 그렇다면 적조 현상을 없애는 방법이나 대책은 없습니까?

적조가 일어나면 황산구리를 살포하여 대처하기도 하지만 소용이 없는 경우가 많으므로 자연스럽게 없어지기를 기다릴 수밖에 없습니다. 그러므로 하수 정비 등을 통해 연안의 부영양화를 억제하는 방식으로 예방하는 것이 중요하며, 이외에도 갯벌을 정비하여 적조를 막기도 합니다. 최근에는 바이러스를 이용하여 적조를 방지하려는 기술이 개발되고 있습니다.

적조에 대한 정보 잘 들었습니다. 판사님, 원고의 양식 물고기들이 죽은 것은 인근 바다의 적조 현상 때문이지만, 그 적조 현상이 심화된 데에는 피고의 공장에서 나온 공장 폐수가 큰 몫을 했다고 생각합니다. 따라서 피고는 양식 물고기들의 떼죽음에 상당한 원인 제공을 했기 때문에 그 책임이 매우 큽니다.

판결합니다. 피고는 원고의 양식 물고기에 어떠한 영향도 끼치지 않았다고 했지만, 증언을 들어 본 결과 피고의 공장에서 나온 폐수 때문에 물고기들이 폐사했다는 것을 알 수 있습니

다. 따라서 원고의 주장대로 피고에게 원고의 피해에 대한 책임이 있으므로 그 책임에 대한 보상을 하시기 바랍니다. 또한 앞으로 피고는 공장 폐수를 버릴 때는 반드시 별도의 처리장을 이용해 버리시기 바랍니다. 불법으로 폐수를 방류한 것이 적발될 시에는 큰 처벌을 받게 될 것입니다. 이상으로 재판을 마치겠습니다.

재판이 끝난 후, 마을 사람들은 무단아 씨에게 피해 보상을 요구했고 결국 무단아 씨는 어마어마한 액수의 배상을 해야만 했다. 사건 후 법도 도덕도 지키지 않고 오로지 승진에만 눈이 멀었던 무단아 씨는 회사로부터 해고당했다.

적조

적조는 바다에 있는 플랑크톤과 같은 작은 미생물이 보통 때에 비해 많아짐으로 인해 바다가 붉게 보이는 현상을 말한다.

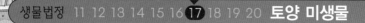

제초제를 쳤는데 왜 곡식이 자라지 않는 거지?

제초제가 토양 미생물을 다 죽였다고요?

　　과학공화국의 평화로운 시골 마을에 놀부와 흥부 형제가 살고 있었다. 부유한 아버지 밑에서 놀부와 흥부는 편안한 어린 시절을 보냈다. 세월은 점점 흐르고 그동안 놀부는 집에서 아버지를 모시며 틈틈이 농사일을 배웠다. 밤에는 농사에 관한 책을 읽으며 머릿속에 지식을 쌓아 나갔다. 하지만 흥부는 그렇지 않았다. 흥부는 좀처럼 집에 붙어 있질 못했다. 흥부는 이리저리 여행 다니는 것을 좋아했으며 집안일과 농사에는 관심이 없었다. 또한 흥부는 마을에서 소문난 바람둥이였다.

어느 날 흥부가 빨간 스포츠카에 한 어여쁜 아가씨를 태운 채 집으로 돌아왔다.

"아버지, 저희의 결혼을 허락해 주십시오. 저는 이 여자와 반드시 결혼해야 합니다."

"뭐라고? 흥부야, 지금 네 나이가 몇 살인데 결혼이니? 어이구, 하라는 공부는 안 하고! 그럼 저 아가씨는 몇 살이니?"

"저보다 열다섯 살 많습니다."

"뭐라고? 절대 안 돼. 내 눈에 흙이 들어가도 안 돼."

그 말에 흥부는 아가씨의 손을 잡고 휙 나가 버렸다. 아버지는 그것을 보고 뛰어나가 흥부를 잡으려다가 그만 대문에 머리를 쾅 부딪치고 말았다.

"으으으~!"

아버지는 그렇게 대문에 머리를 세게 부딪치곤 그 자리에서 그 대로 하늘나라로 가셨다.

놀부는 슬픔에 억장이 무너지는 듯했다. 하지만 아버지 장례를 치르면서 다시 꿋꿋하게 살리라 결심했다.

놀부는 아버지가 정성껏 돌본 논과 밭을 온 정성을 다해 가꾸며 수확했다. 힘든 날도 많았지만 놀부는 견뎌내며 묵묵히 일했다.

"저기, 혹시 놀부 씨죠?"

"예, 맞습니다. 왜 그러시죠?"

"저는 당신이 낮에는 열심히 논과 밭을 가꾸고 밤에는 책을 읽는 모습을 담 너머로 봐 왔답니다. 저는 이제까지 당신 같은 분을 찾고 있었어요. 저희 집안 대대로 내려오는 황금 주걱을 가지고 맹세할게요. 저와 결혼해 주시겠어요?"

놀부는 갑작스런 고백에 당황했지만 자신도 이제 한 가족을 책임져야 할 나이임을 깨닫고 흔쾌히 청혼을 받아들였다. 그렇게 놀부 부부는 깨가 쏟아지는 신혼 생활 속에서도 농사일에 게으름을 피우지 않고 열심히 일했다.

"당신, 이제 그만 집에 들어가서 쉬지 그러오? 몇 시간 동안 이렇게 일만 하면 힘들잖소?"

"힘들긴요, 제가 집에 들어가면 당신 혼자 해야 하잖아요. 그러지 말고 우리 둘이 열심히 해서 더 빨리 끝내고 같이 들어가서 쉬어요."

"당신은 내게 하늘에서 내려준 복덩이라오. 하하하!"

그러던 어느 날 대문이 벌컥 열렸다.

"아버지!"

흥부였다. 놀부는 뛰쳐나가 흥부의 손을 잡았다.

"흥부야, 아버지는 돌아가셨단다. 어서 오렴."

놀부는 아버지가 돌아가신 사유를 숨긴 채 흥부를 따뜻하게 받아들였다.

"뭐? 아버지께서 돌아가셨다고? 어쩌다가…… 휴! 애들아, 들어오너라."

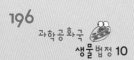

갑자기 아홉 명의 아이들이 우르르 집 안으로 들어왔다.

"아니, 애들은 다 누구냐?"

"형님, 제 아이들이에요. 집사람은 막내 낳다가 그만 저세상 가고 나는 쫄딱 망해서 살 집도 없어 이렇게 왔어요. 좀 도와주세요."

놀부는 흥부의 말을 듣고 곰곰이 생각했다.

'만약 내가 흥부를 도와준다면 흥부는 평생 자립할 수 없겠지? 열심히 일할 생각도 하지 않고 또 밖으로 놀러 다닐 거야. 그럴 수는 없어. 그렇게 된다면 또 저 아이들은 어떡하고. 그래, 흥부가 자립할 수 있도록 도와주는 거야.'

"흥부야, 나 역시 요즘 힘들어서 너를 도와줄 길이 없구나. 하지만 내가 너를 위해 집을 한 채 줄 터이니 그곳에서 아이들을 데리고 사는 게 좋겠구나. 그 집 앞에 자그마한 논이 있단다. 그곳을 가꾸면 너희 가족들이 먹고 사는 데는 걱정이 없을 게다."

"형님, 논을 준다고요? 저는 논을 어떻게 가꾸는 줄도 모르는데 무슨 소용이 있습니까? 돈을 주세요."

"논을 가꾸는 방법은 매일 나한테 와서 배우면 되지 않느냐. 이제 가 보거라."

흥부는 놀부가 돈을 주지 않자 화가 나서 얼굴이 붉으락푸르락했다. 그 모습을 보고 있던 놀부의 아내는 흥부가 가여워서 자기 집 대대로 내려오는 황금 주걱을 흥부에게 주기 위해 꺼내 들고 흥부에게로 뛰어갔다. 그러다 마침 놀부의 아내가 돌부리에 걸려 넘어지고 말았다. 그때 주걱이 날아가 흥부의 볼에 철썩 부딪혔다.

"아니, 이게 웬 주걱이야!"

흥부는 흥분해서 제대로 보지도 않은 채 소리를 질렀다.

"형님, 너무하십니다. 돈은 주지도 않고 이렇게 주걱으로 볼을 치시질 않나, 두고 보십시오."

흥부는 아이들을 이끌고 집 밖으로 나가 버렸다.

'흥, 매일 와서 농사일을 배우라고? 그걸 왜 배워? 농약만 열심히 치면 되는 거지.'

흥부는 그때부터 매일 매일 제초제를 뿌리며 열심히 농사를 지었다. 하지만 곡식은 자랄 기미가 보이지 않았다.

'왜 이렇지? 농약만 열심히 치면 되는 것 아닌가? 이거 생물법정에 의뢰해 봐야겠는걸.'

토양 미생물이란 토양 속에 서식하면서 유기물을 분해하는
미생물을 일컫습니다. 세균, 방사균, 사상균, 효모, 조류, 원생동물 등
수많은 토양 미생물은 식물의 생육에 중요한 영향을 준답니다.

**곡식에 제초제를 치면
잘 자랄까요?**
생물법정에서 알아봅시다.

 제초제를 매일 뿌렸는데도 곡식이 잘 자라지 않자 흥부 씨가 그 이유를 궁금해 하고 있네요. 생치 변호사, 그 이유를 알려줄 수 있나요?

 이상하네요. 제초제를 잘 뿌렸는데도 왜 곡식이 자라지 않을까요?

 그걸 제가 묻고 있지 않습니까?

 그럴 리가 없는데 제초제가 잘못된 거 아닐까요? 제초제를 산 곳이 어딥니까? 그곳을 고소하세요.

 생치 변호사는 그 원인을 모르신다는 말이시죠? 비오 변호사는 알고 계십니까?

 제초제를 너무 잘 뿌렸기 때문입니다.

 그게 무슨 말입니까?

 제초제를 매일 너무 잘 뿌려 토양 미생물이 살 수 없었던 탓이지요.

 토양 미생물이요?

 자세한 설명을 듣기 위해 최고대학교 농대 학생인 완전열공 씨를 증인으로 요청합니다.

 증인 요청을 받아들입니다.

흰 티에 청바지를 입은 수수한 차림을 한 남자가 증
인석으로 나왔다.

 토양 미생물이란 무엇입니까?

 토양 속에 서식하면서 유기물을 분해하는 미생물로 세균·방
사균·사상균·효모·조류·원생동물 등 많은 미생물이 서
식하고 있습니다. 이들은 토양에 큰 변화를 가져와 식물의 생
육에 중요한 영향을 주며 자연계의 물질 순환에 큰 역할을 하
고 있습니다.

 토양 미생물이 하는 역할은 무엇인가요?

 토양 속에는 대단히 많은 수의 세균이 존재하며 일반세균군
과 특수세균군으로 나누어집니다. 일반세균군에는 유포자세
균과 무포자세균류가 있고, 특수세균군은 특수한 생리작용을
하는 토양세균군입니다. 특수세균군에는 공기 속의 유리질소
를 고정하여 질소로 만드는 유리질소고정세균, 토양 속의 암
모니아태 질소를 질산태 질소로 변화시키는 질화세균, 질산
에서 질소가스 또는 산화질소를 생기게 하는 탈질세균, 황 또
는 그 화합물을 산화시키는 황세균, 철화합물을 불용성으로
하는 철세균, 섬유소를 분해하는 섬유소분해세균 등이 있습

니다. 방선균은 토양 속에서 유기물의 분해 작용에 관여합니
다. 사상균은 토양 속에 많이 생존하는데 산성인 토양 속에서
는 생육이 우세하며, 특히 미분해 유기물이 많은 토양 속에서
는 그 분해에 큰 역할을 합니다.

 그런 좋은 일을 하는 토양 미생물을 다 죽였으니 식물이 자라
기 힘들었겠군요.

 그렇습니다. 점점 갈수록 사람들이 농약이나 제초제 등을 너
무 많이 뿌려서 토양을 좋게 만드는 역할을 하는 토양 미생물
들이 죽어 가고 있습니다. 그러므로 이번 사건을 계기로 농약
이나 제초제를 덜 쓰는 농사법을 많이 개발해야겠다는 생각
이 듭니다. 이상으로 재판을 마치겠습니다.

재판이 끝난 후, 흥부는 노력 없이 결과를 얻으려 했던 자신의
행동이 잘못됐음을 깊이 반성했다. 그 후 흥부는 형 놀부로부터
열심히 농사짓는 방법을 배웠고 배운 대로 농사를 지어 이듬해 가
을에는 풍년이 들어 수확의 기쁨을 맛볼 수 있었다.

 분해되는 플라스틱

어떤 종류의 미생물은 고분자 물질인 폴리에스테르를 에너지원으로 사용하기 위해 몸에 비축하고
있다. 이 폴리에스테르를 이용해 만든 플라스틱은 자연계에서 완전히 분해되기 때문에 오염을 일으
키지 않는 물질로 주목받고 있다. 이 플라스틱은 흙 속의 세균에 의해 분해되기 때문에 생분해성 플
라스틱이라고도 부른다.

파스퇴르 이야기

파스퇴르는 1822년, 프랑스 동부 지역의 작은 마을에서 태어났어요. 증조할아버지 때부터 동물의 생가죽을 사람이 쓸 만한 가죽으로 만드는 무두질을 하며 살았습니다. 파스퇴르의 아버지도 무두장이로 일했지만 파스퇴르가 무두장이가 되는 것을 원치 않았어요. 그래서 파스퇴르는 1827년부터 새로 이사 간 아르브와에서 학교를 다녔어요. 공부를 그다지 잘하지 못한 파스퇴르는 5년 만에 중등학교 교사를 양성하는 에콜 노르말에 입학할 수 있었답니다.

파스퇴르는 에콜 노르말에서 화학과 물리를 공부하고 실험하는 것을 가장 좋아했어요. 물리 교사 자격증을 받았지만 선생님을 하고 싶은 생각이 없었어요. 결국 파스퇴르는 발라르 교수의 실험실 조수로 일하게 되었답니다.

파스퇴르가 선생님이 되길 원했던 아버지는 파스퇴르의 꿈을 반대했지만 파스퇴르가 1847년에 화학과 물리학에서 박사 학위를 받자 파스퇴르의 꿈을 인정해 주었지요. 파스퇴르는 유기화학과 결정학이라는 새로운 두 학문에 빠졌답니다. 그래서 열심히 연구하고 실험하여 유명한 과학자들이 풀지 못한 문제들을 풀어낼 수 있었죠. 그 덕에 파스퇴르는 1849년에 스트라스부르 대학 화학과 교수가 되었어요.

1854년에 릴 대학에 화학 교수이자 이학부장으로 임명된 파스퇴르는 눈에 보이지 않는 생물을 연구하는 미생물학에 흥미를 느꼈어요. 밤낮을 가리지 않고 연구에 몰두한 끝에 1857년, 우유가 시큼해지는 이유는 현미경으로만 보이는 아주 작은 생물의 활동에 의해서 발효가 되는 것이라는 논문을 냈어요. 그 당시 과학자들은 미생물이 발효, 부패를 하는 데 도와주는 역할을 할 뿐 직접 발효, 부패를 일으키지 않는다고 생각했어요. 그래서 파스퇴르가 낸 논문에 대해 논란이 많았어요.

나아가 파스퇴르는 결정체 연구로 우유를 시큼하게 만드는 젖산 이스트라는 세균을 찾아냈고 젖산 이스트로 실험한 끝에 젖산 이스트가 직접 우유를 시큼하게 만든다는 사실을 알아냈어요. 그래서 파스퇴르는 세균의 발효는 살아 있는 미생물이 살아가는 과정에서 발생한다고 주장했어요. 파스퇴르의 연구 결과를 인정한 과학 아카데미는 1859년과 1861년에 두 차례 파스퇴르에게 상을 주었지요.

그 후 파스퇴르는 계속 미생물에 대한 연구를 했어요. 그러던 중 프랑스의 와인이 쉽게 변질되는 문제가 있음을 알게 되었어요. 당시 프랑스는 포도로 만든 와인이 너무 빨리 상해 버려서 고민이 많았어요. 더군다나 1860년, 영국과의 자유무역법을 성사시키면서 와인이 상하는 것을 막는 일이 매우 시급했죠. 파스퇴르는 1863년부터 와인의 부패에 대해 연구를 시작했고 1866년에 상한 와인은 불필요한 미생물 때문에 그런 것이라고 설명했어요. 그래서 와인을 만들어 주는 미생물의 활동은 촉진시켜야 하지만 와인 맛을 변하게 만드는 미생물은 없애거나 활동을 못하게 해야 한다고 했죠. 파스퇴르는 미생물을 약 55℃에서 가열하면 와인의 맛은 지키되 미생물은 눈에 띄게 줄어든다는 사실을 발견했어요. 그 후 열처리한 와인이 널리 퍼졌답니다.

그 후 정부와 과학 아카데미의 의뢰로 와인뿐만 아니라 누에의 질병에 대해서도 연구했어요. 프랑스는 중국에서 건너온 비단 산업이 매우 발달하고 있었는데 비단을 만들려면 누에를 이용해야 했죠. 그러나 1865년에 누에 전염병이 퍼지면서 비단 산업에 차질이 생겼어요. 누에 전염병의 원인은 물론 치료 방법도 알 수 없

과학성적 끌어올리기

었기에 모두들 발만 동동 구르고 있었죠. 연구에 착수한 지 3년 만에 파스퇴르는 누에에 전염병을 일으키는 두 가지 세균을 분리해냈고 이 병들의 전염을 막고 질병에 걸린 누에를 찾아내는 방법을 발견해 냈어요.

파스퇴르가 미생물에 대해 연구를 하고 있을 때 당시 과학자들은 미생물은 어디에서 나타나는지에 대해 관심이 많았어요. 그중 가장 큰 지지를 받고 있었던 건 살아 있는 생물이 죽으면서 생긴 물질에서 생명체가 발생한다는 '자연발생설'이었습니다.

파스퇴르는 백조의 목처럼 생긴 긴 S자형 플라스크 안에 끓인 수프를 넣어 실험했어요. 이 플라스크 안에는 먼지 미생물은 들어갈 수 없지만 공기는 자유롭게 드나들 수 있었죠. 플라스크 안의 수프에는 미생물이 발견되지 않았어요. 그러나 먼지를 기울이자 수프 안에는 미생물로 가득했어요. 이는 플라스크 안의 멸균된 공기 안에서도 수프에 미생물이 생겨난다는 '자연발생설'과는 전혀 반대되는 결과였죠. 그러자 이 실험 결과에 반대하는 사람들은 수프를 끓였기 때문에 생명체를 생산할 물질을 없앴다고 주장했어요. 그래서 파스퇴르는 똑같은 플라스크에 개의 피와 오줌을 넣어 두었는데 몇 달 동안 플라스크 안에는 아무 일도 일어나지 않았어요. 결국 파스퇴르는 '자연발생설'은 옳지 않은 것이라는 걸 증명했어요.

19세기 중기의 유럽 의사들의 대부분은 '질병은 우리 몸 내부의 불균형과 비위생적인 외부 환경이 결합하여 발생한다'고 믿었어요. 그러나 파스퇴르는 '질병을 일으키는 것은 미생물'이라고 주

장했기에 의사들은 그의 의견에 반대했어요. 그러던 중 다벤과 코흐의 탄저병에 대한 실험을 접하게 되었죠. 파스퇴르는 코흐의 실험을 바탕으로 탄저병에 대해 연구했어요. 그 결과 탄저균이 탄저병의 원인이자 매개체라는 사실을 밝혀냈죠. 그러나 의학 아카데미에서 파스퇴르의 의견을 강력하게 반대했어요. 특히 코흐는 자신이 탄저균을 밝혀낸 사람이라고 주장했죠. 이렇게 많은 반대에도 불구하고 파스퇴르를 지지하는 의사들은 외과 수술에서 소독을 도입하여 세균 감염에 따른 환자의 죽음을 막을 수 있었답니다.

그 후 파스퇴르는 면역으로 병을 예방하는 방법에 대해 연구했어요. 어떤 병에 걸렸던 사람은 면역이 생겨 같은 병이 생기지 않는데 이미 천연두는 제너에 의해 면역을 이용한 방법으로 예방하고 있었죠. 파스퇴르는 천연두 외에 다른 병도 면역으로 예방할 수 있지 않을까 생각했어요. 그래서 파스퇴르가 이끄는 연구팀과 함께 닭 콜레라, 탄저병 백신을 개발할 수 있었어요.

동물의 전염병을 연구하던 파스퇴르는 이제 인간의 전염병에 대해서도 연구하기로 했어요. 그래서 파스퇴르의 업적 중에 최고라고 일컬어지는 광견병 백신을 오랜 시간 수많은 시행착오를 겪

고서 겨우 개발했답니다. 광견병 백신으로 인해 동물에게 물린 수 많은 희생자들을 살릴 수 있었어요.

백신 개발로 인해 동물들과 사람들의 생명을 구해 주는 구세주와 같은 사람이라고 칭송받은 파스퇴르는 파리로 몰려드는 수천 명의 희생자를 보살필 중앙 시설이 필요하다고 제안했고 이는 곧 파스퇴르 연구소의 건설 계획으로 추진되었어요. 연구소 설립을 위해 기부금을 모은다는 소문이 퍼지자 전 세계적으로 성금이 밀려들어 왔지요. 1888년에 파스퇴르 연구소는 프랑스 대통령, 프랑스 아카데미 회원들, 수많은 의사, 과학자들이 참석한 가운데 화려한 개관식을 가졌어요. 훗날 파스퇴르 연구소는 에이즈 바이러스를 최초로 분리해 내는 등 세계 최고의 미생물학 관련 연구소로 발전했답니다.

파스퇴르는 건강이 나빠졌지만 연구소의 소장을 맡으며 열심히 연구에 몰두했어요. 광견병 백신을 개발했지만 여전히 광견병으로 죽어 가는 사람들이 있었고 결핵 치료도 물거품이 되었죠.

아직 풀지 못한 수많은 숙제들이 남아 있었지만 파스퇴르는 더 이상 연구를 할 수 없었어요. 1894년 겨울, 건강이 심하게 나빠져 석 달 동안 누워 있어야만 했죠. 1895년 4월, 마지막으로 연구소

실험실에서 연구원이 분리해 낸 페스트균을 현미경으로 관찰했고 연구소의 별관에서 가족들과 시간을 보내다 9월 28일에 세상을 떠났답니다.

생명과학에 관한 사건

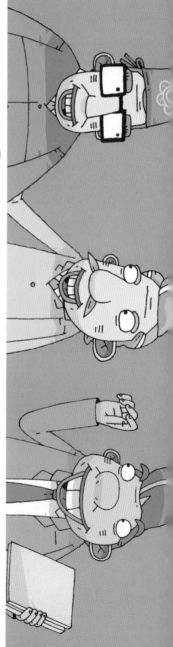

토마토 vs 포마토

뿌리엔 감자, 줄기엔 토마토가 열리는 식물이 있을까요?

'짹짹짹!'

아침을 깨우는 소리에 마구고는 잔잔한 햇빛이 들어오는 산골에서 잠을 깼다.

"아~ 좋아! 아침에 듣는 새소리는 정말 좋아. 하루를 힘차게 시작하고 싶은 피를 들끓게 해."

아침을 먹으려고 식탁으로 내려온 마구고는 어머니가 정성껏 차려주신 반찬을 보고 놀라지 않을 수 없었다.

"구고야, 얼른 밥 먹어. 반찬이 너무 맛있겠지?"

반찬은 온갖 풀로 가득했다.

"엄마, 제가 말도 아니고 왜 매일 풀만 주세요? 저도 고기 좀 먹고 키도 크고 힘도 좀 쓰고 싶단 말이에용!"

"네가 어디다가 힘쓸 데가 있냐? 밥 못 먹는 애들도 많은데 어디서 반찬 투정이야."

"엄마는…… 아들이 고기 먹고 싶다니깐."

"그래, 엄마가 해 주는 음식은 다 구고 몸에 좋은 거니깐 남기지 말고 맛있게 먹어. 밥도 잘 먹고 말도 잘 들으면 오늘 재미있는 곳에 데려가 줄게. 벌써 계획 짜 놨지롱. 호호!"

"어디요?"

"식물 농장! 재밌겠지? 오호호호~!"

"켁!"

마구고 가족은 식물 농장으로 향했다. 식물 농장에는 갖가지 신기한 식물들이 너무 많았다. 마구고는 구경을 하던 중 사람만한 잎을 가진 식물을 발견하게 되었다.

"구고야, 그 식물은 만지면 안 돼. 어머!"

그 식물의 표지판에는 '구경은 해도 되지만 절대로 만지면 안됨'이라는 문구가 적혀 있었다. 하지만 마구고의 호기심이 손을 가만히 놔둘 리 없었다.

"아~악!"

그 희귀한 식물이 마구고의 몸을 삼키려고 했다. 당황한 마구고는 몸을 비틀어서 빠져나오려고 했지만 힘이 너무 센 식물 안에서 나올 수가 없었다.

"여기 좀 도와주세요!"

마구고의 엄마는 다급하게 관리원에게 도움을 요청했다. 하지만 관리원은 썩은 미소를 지으며 천천히 걸어오고 있었다.

"아저씨, 뭐하는 거예요? 사람이 다칠 것 같은데 빨리 저 식물을 어떻게 해 봐요."

"아주머니, 저 식물은 힘을 주면 더 힘이 강해지는 식물이기 때문에 힘을 주지 말고 반대쪽을 작대기로 찌르면 아드님이 들어가 있는 부분은 활짝 열리게 되어 있습니다."

아니나 다를까, 작대기로 반대쪽을 찌르니 마구고를 감싸고 있던 잎이 벌어지면서 작대기를 찌른 쪽으로 입을 크게 벌렸다. 그 틈을 타 마구고는 도망칠 수 있었다.

"아휴~! 큰일 날 뻔했네. 그런데 안에 있으니 겁나기보단 흥분되고 스릴 있던걸요. 으흐흐!"

"이놈, 조심해! 걱정했잖아."

"이히히, 알았어요."

마구고 가족들은 한바탕 소란을 피운 후 다시 구경을 했다. 조용히 잘 구경하는가 싶더니 마구고의 호기심은 그치지 않았다. 이번에는 향기가 나오는 식물의 향기를 따라가다가 식물에 있던 방울뱀이 구고의 콧구멍을 강타한 것이다.

"으아악!"

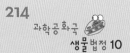

"구, 구고야, 네 코……."

구고는 떨리는 손으로 코를 만지니 손에 빨간 피가 묻어 나왔다.

"으악! 코피야, 코피!"

"그러게, 너 식물 만지지 말라는 거 또 만졌지? 어이구!"

"아냐, 이번엔 보기만 했는걸. 그런데 유리창 안으로 고개 넣지 말라고 했는데 넣어서 보다가 그만……."

"자, 여기 휴지로 얼른 코나 막아. 속상해서 정말! 왜 넌 얌전히 못 있니?"

"엄마는…… 나의 이런 호기심이 나를 나중에 아인슈타인으로 만들어 줄 거라고요. 후후! 앗, 엄마! 저것 봐요."

구고는 신기해하며 어떤 식물 앞으로 뛰어갔다.

"어라, 팻말이 있네. 포마토? 엄마, 이 식물 이름이 포마토래요. 그런데 뿌리는 하나인데 감자랑 토마토가 같이 열려 있어요. 우와, 이거 정말 신기하네. 감자랑 토마토 다 먹고 싶을 때 이거 키우면 되겠다. 하하!"

"어디 보자. 정말 감자랑 토마토가 같이 열려 있네. 어떻게 저럴 수가 있지? 이건 말도 안 돼. 저건 아마도 농장에서 일부러 토마토에 감자를 갖다 붙인 걸 거야. 그렇지 않고선 이럴 수가 없지. 정말 관광객을 더 모으려고 별 짓을 다 하는군. 안 되겠어, 사람들의 눈을 속이는 여기 식물 농장을 생물법정에 고소해야겠어."

포마토는 'potato'와 'tomato'의 합성어로서 줄기에는 토마토가
열리고 뿌리에는 감자가 열리는 식물을 말합니다.
감자와 토마토 사이에 인공적 세포 융합을 통해 생성한 잡종 식물인 거죠.

포마토란 무엇일까요?
생물법정에서 알아봅시다.

 재판을 시작합니다. 원고 측 변론하세요.

 원고는 가족 나들이로 피고의 식물 농장

에 갔습니다. 그런데 식물 농장에 포마토

라는 푯말이 붙은 식물이 있었습니다. 뿌리에서는 감자가 나

고 줄기에서는 토마토가 난다는 식물이었는데, 그게 말이 됩

니까?

 말이 될 수도 있지 않을까요? 요즘은 개량종들이 많이 나오

니까 가능할 수도 있을 것 같은데요.

 절대 그럴 수 없습니다. 수박에 씨를 없앤다거나 네모난 수박

을 만들 수는 있지만 위아래가 서로 다른 열매가 나오도록 한

다는 건 말이 안 됩니다. 분명 무언가 눈속임을 한 것입니다.

아래에 감자를 붙였거나 위에 토마토를 붙였거나, 식물 농장

은 어린아이들이 많이 견학하는 곳인데 이런 사기를 치다니

안 될 일입니다.

 생치 변호사는 너무 세상을 비관적으로 보시는 것 같네요. 피

고 측 변론하세요.

 이번 사건의 증인으로 식물 농장의 주인이자 포마토 개량의

5장-생명과학에 관한 사건   **217**

주인공인 신종개발 씨를 불러 이야기를 들어 보겠습니다.

 좋습니다. 증인 요청을 받아들입니다.

햇볕에 탄 모양인지 잘 익은 토마토처럼 얼굴이 붉 은 남자가 증인석으로 나왔다.

 포마토라는 것은 정확히 어떤 식물을 말하는 것입니까?

 포마토는 감자와 토마토 사이에 인공적 세포 융합을 통해 생
성한 잡종 식물입니다.

 유전공학의 발전으로 두 세포를 인공적으로 융합하여 잡종
세포를 만들고, 이를 개체 발생시킬 수 있는 기술이 개발되었
다는 말을 들었는데, 포마토도 그런 종류인가요?

 그렇습니다.

 포마토는 어떻게 만들어지나요?

 먼저 토마토와 감자로부터 체세포를 분리하고, 이를 세포벽
성분을 용해하는 효소액에 넣어 세포벽을 제거합니다. 이렇
게 하여 세포막으로만 싸여 있는 세포를 얻습니다. 그런 후에
두 세포를 접촉시켜 세포질과 핵의 융합을 이루고 잡종 세포
를 얻게 됩니다. 끝으로 이 잡종 세포를 증식시켜 잡종 개체
로 키우면 토마토와 감자의 양쪽 형질을 갖는 개량종 포마토
가 만들어지게 되는 것입니다.

 정말 신기하군요. 포마토라는 것은 'potato'와 'tomato'의 합성어인가요?

 그렇습니다. 포마토의 줄기에 토마토가 열리고 뿌리에 감자가 열려서 포마토라고 부르지요. 토마토와 감자의 합성어인 토감도 포마토의 다른 이름입니다.

 재미있는 이름이네요. 판사님, 증인의 말을 통해 포마토는 토마토와 감자의 개량 품종이며 원고의 말과 달리 눈속임이나 사기가 아닌 하나의 식물체라는 것을 알 수 있습니다. 따라서 사기를 쳤다고 말한 원고는 피고에게 사과를 해야 할 것입니다.

 인정합니다. 포마토는 감자의 줄기에 토마토를 붙이거나 토마토의 뿌리에 감자를 붙인 것이 아니라 그 자체가 줄기에 토마토가 나고 뿌리에 감자가 나는 식물입니다. 따라서 눈속임을 했다고 말한 원고는 실언의 잘못이 있다고 판결합니다. 원고는 피고에게 진심으로 사과하시기 바랍니다. 이상으로 재판을 마치겠습니다.

 ## 식물세포와 동물세포의 차이

식물세포와 동물세포에 공통으로 있는 것은 핵, 세포질, 세포막, 미토콘드리아 등이다. 그러나 식물세포에는 동물세포에는 없는 세포벽, 엽록체 등이 있다.

재판이 끝난 후, 마구고의 어머니는 식물 농장 사람들에게 진심으로 사과를 했다. 사건 후 마구고는 생물의 유전공학에 깊은 관심을 갖게 되었고, 세계에 이름을 널리 알리는 유명한 유전공학자가 되겠다고 마음먹었다.

형광 돼지

형질 전환이란 말이 뭔가요?

형형색색의 형광 돼지 샤인 피그, 첫 발견!

의아해 씨는 한 신문기사를 보고 깜짝 놀랐다.

'샤인 피그? 뭐하는 거지? 돼지고기가 빛나는 건가?'

유전자 개발 연구실에서 특이한 색깔을 지닌 돼지를 발견했다
는 것이다. 샤인 피그라는 이름을 지닌 이 녀석은 다른 돼지들에
비해 털 부분에 형광 성분이 있어 누가 보기에도 형광색이라는 것
이다.

샤인 피그 개발팀장이 말하길,

"아무래도 유전자에 변이가 발생한 돌연변이 돼지 같습니다. 그런데 이번 발견에서 놀라운 사실을 알았습니다. 돼지의 피부 인자에 관여하는 유전자에 형광 성분을 함유하는 인자가 있다는 것입니다. 아무래도 우리 인류가 지금까지 인식을 못하고 있어서 몰랐을 뿐 아마도 돼지뿐만 아니라 포유류 대부분 이런 유전적 돌연변이가 있었을 것이라는 놀라운 가설이 나왔습니다. 역사적인 사례들을 보면 전설이나 신화에 나오는 금빛 사자나 유니콘 같은 것도 전혀 신화에만 속하는 것은 아니라는 이야기입니다."

기자회견에서 그는 또 밝혔다.

"그래서 이번에 발족할 프로젝트는 피부 인자에 관여하는 유전자 게놈을 분석하여 흑인과 백인 등 인종에 관한 연구까지 포함될 슈퍼글로벌 프로젝트가 될 것입니다. 아마도 얼마가 걸릴지 모르지만 태초에 있었던 인류 인종에 대한 의문까지 풀릴 전망입니다."

그야말로 대사건이 아닐 수 없었다. 의아해 씨는 정말 믿기 힘든 기사였지만 형광색 돼지가 가져올 파장 때문에 놀라움을 감추지 못했다. 그런 조그마한 돌연변이 돼지가 이런 열쇠가 될 수 있다니!

'나도 돼지나 좀 키울 걸 그랬군. 그랬으면 진즉에 부자가 될 수도 있었을 텐데……'

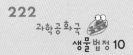

그는 괜한 기대를 한 번 해 본다. 어쨌든 그 다음 날부터 돼지에 대한 관심은 대단한 것이었다. 사람들은 인터넷에 형광 돼지에 대한 이야기로 도배를 해 놓았고 검색어 순위 1위를 1주일간이나 유지했다. 여기저기 형광 돼지를 봤다는 장난스러운 글도 보였다. 그러다 의아해 씨는 출출해졌다.

'밥을 굶었더니 영 출출한걸. 슈퍼 가서 뭐 좀 사 먹어야겠다.'

그는 외투를 집어 들고 터덜터덜 집 밖으로 나섰다. 시내 거리를 걷다가 여기저기 굴러다니는 전단지에서 놀라운 광고 문구를 보게 되었다.

형광 돼지 판매합니다. 놀라운 가격 xxxxxxx원!

의아해 씨는 그야말로 의아해했다.

'형광 돼지를 판다고? 정말일까? 그거 돌연변이라 태어날 가능성도 거의 제로에 가깝다던데!'

어쨌든 궁금하면 참지 못하는 성격의 그는 그 애완동물 가게를 찾아 나섰다. 애완동물 가게 앞에 도착한 의아해 씨는 가게에 걸린 현수막을 보았다.

저희 가게에서 형광 돼지를 판매합니다. TV특종에도 나올 예정임!

아주 노골적으로 광고를 하고 있었다. 해피하우스란 이 가게는 정말 형광 돼지를 파는 듯했다.

'좋아! 들어가서 직접 확인해 보자.'

의아해 씨는 가게 안으로 들어갔다. 밖에서 볼 때보다 실내가 훨씬 넓었다. 가게 주인으로 보이는 중년 여성이 의아해 씨를 맞이했다.

"어서 오세요. 무엇을 찾으세요?"

"아, 네! 형광 돼지가 있다기에 보러 왔어요."

"아, 요즘 샤인 피그 찾는 사람들이 얼마나 많은데요. 이게 귀해서 다 나가고 겨우 한 마리 남았는데 보실래요?"

"네, 어디 한번 봅시다."

모퉁이의 오픈 철장에 녹색의 형광 돼지 새끼 한 마리가 자고 있었다.

"어때요, 귀엽죠? 워낙 고가라 저희가 특별히 독방에서 관리하고 있답니다."

"그러네요. 정말 형광 돼지 맞죠? 이거 돌연변이라 거의 안 나온다던데……."

"그러니깐 고가죠. 호호! 저희가 얼마나 힘들게 구한 건데요."

한창 이야기를 주고받던 그때 가게 문이 거칠게 열렸다.

'쿵!'

"이 봐요, 주인아줌마! 이거 진짜예요, 가짜예요?"

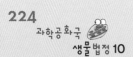

화가 잔뜩 난 한 아저씨가 씩씩거리며 말했다. 아저씨 주위엔 너도나도 돼지 한 마리씩을 끌어안은 사람들이 똑같이 화난 표정으로 서 있었고 경찰관도 한 명 왔다.

"우선 아저씨, 진정하시고요. 당신이 여기 가게 주인이십니까?"

경찰관이 사태 수습을 위해 나섰다.

"네, 맞는데요. 무슨 일이시죠?"

"다름이 아니고 여기 이분들이 여기서 형광 돼지를 사 간 분들인데, 이게 가짜라고 하는 신고가 들어와서 오게 됐습니다."

"가짜라뇨? 이거 얼마나 귀한 건데, 진짜 맞아요."

주인아줌마는 기가 막힌 듯 외쳤다.

"아니, 아줌마! 이거 보세요. 애를 집에 가서 목욕시켰더니 형광색이 쏙 빠져 버렸잖아요. 이거 그냥 돼지에 물감 바른 거 아니에요?"

"맞아요. 저도 집에 가서 돼지랑 놀다가 보니 방바닥에 형광 물감 같은 게 묻어 있고 애 색깔도 첨에 살 때랑 많이 다르잖아요."

점점 주인이 궁지에 몰리고 사람들이 압박하자 경찰관이 잠시 제지했다.

"여러분, 일단 진정들 하시고 제가 경찰이니 알아서 진행하겠습니다. 정말 형광 돼지 맞습니까?"

"네, 맞아요. 형광 물질은 없어질 수도 있다고요. 그게 돼지가 죽을 때까지 있을 순 없잖아요."

"그런 게 어디 있어요? 한 번 그렇게 태어나면 죽을 때까지 그 색깔이어야지."

들고 있던 나도 주인의 행동에 의심이 갔다.

'저거 정말 가짜인가? 그러면 이거 사기인데……'

"저희는 정말 억울합니다. 경찰 양반, 이거 진짜 요새 유행한다는 형광 돼지라고 해서 비싼 돈 주고 샀더니 물감이나 입힌 거고 집에 애들도 얼마나 울고불고 난리를 치던지, 학교에서 애들이 가짜라고 놀리고 그랬대요."

"정말 그렇다면 당신은 사기죄가 적용될 겁니다. 우선 지금으로서는 진실을 알기 어려우니 생물법정으로 가셔야 되겠습니다. 갑시다, 생물법정으로!"

외부로부터 주어진 DNA에 의해 생물의 유전적인 성질이 변하는 것을
형질 전환이라고 합니다. 형광 돼지 또한 해파리에서 녹색 형광 단백질인
GFP를 뽑아내어 만든 형질 전환 돼지랍니다.

형광 돼지는 존재하는 걸까요?
생물법정에서 알아봅시다.

 재판을 시작합니다. 원고 측 변론해 주세요.

피고는 손님들에게 평범한 돼지에 형광색 물감을 발라 형광 돼지라고 속여서 고가에 판매했습니다. 피고에게서 형광 돼지를 구매한 손님들은 모두 얼마 지나지 않아 형광 물질이 없어졌다면서 피고 측에서 인위적으로 형광색을 나오게끔 만든 것이라고 환불을 요구했지요. 그러나 피고는 형광 돼지는 존재하며 다만 형광으로 보이게 하는 성질이 죽을 때까지 영구적인 것이 아니라서 그 성질이 사라졌다고 말하며 환불을 해 줄 수 없다고 했습니다. 형광 돼지라니, 애초부터 말이 안 됐던 겁니다. 피고는 원고들의 돈을 환불해 주어야 마땅합니다.

피고 측 변론하십시오.

 생치 변호사께서는 형광 돼지가 존재하지 않는다고 말했지만 형광 돼지는 존재합니다. 형광 돼지의 존재에 대해 알아보기 위해 생물 유전학 학자이신 섞어볼까 씨를 증인으로 요청합니다.

양손에 실험 도구를 잔뜩 들고 나온 증인이 증인석
에 앉았다.

 증인, 형광 돼지는 자연적으로 태어나는 종입니까?

 그렇지 않습니다. 형광 돼지는 형질 전환으로부터 얻어진 유
전자 변형 돼지입니다.

 형질 전환은 무엇입니까?

 형질 전환은 외부로부터 주어진 DNA에 의해 생물의 유전적
인 성질이 변하는 것을 말합니다. 동물체는 원하는 유전자를
작동 부위 및 프로모터를 재조합시킨 후 재조합된 유전자를
수정란의 핵에 미세 주입하고 대리모에 이식하여 원하는 형
질의 동물을 얻습니다.

 형광 돼지는 어떻게 탄생하게 됩니까?

 형광 돼지를 얻으려면 해파리에서 녹색 형광 단백질인 GFP
를 뽑아내어 다량으로 생산한 후 수정자에 주입하여 대리모
에 착상시키면 수정자가 발현하면서 부분 혹은 전체적으로
형광색을 띠는 돼지가 탄생하게 됩니다.

 그렇군요.

 형광 돼지 이외에도 사람의 장기 이식용 형질 전환 돼지도 있
으며 성장 호르몬 유전자가 도입된 형질 전환 돼지는
10~20%의 일당 증체율과 사료 이용률이 향상되었고, 등지

방 두께가 50~70% 이상 감소된 고급육을 생산합니다.

 형질 전환이 많은 분야에 도움이 되는군요.

 그렇습니다. 가축이나 작물의 생산성 증대나 고가 의약품의 생산, 이식용 장기의 생산 등의 긍정적 측면이 있습니다. 그러나 돌연변이 출현으로 인한 생태계 교란이나 예기치 않은 새로운 질병의 출현 우려, 생명의 존엄성을 무시한 윤리적 문제 등 부정적 측면도 있어 논란이 많습니다. 최근에는 대만에서 전체가 형광색을 띠고 심지어 장기마저 형광색을 띠는 형광 돼지를 탄생시켜 논란이 되었지요.

 판사님, 원고 측 변호사께서 형광 돼지는 존재하지 않는다고 했습니다. 그러나 증인의 증언을 통해 알 수 있듯이 형질 전환을 이용해 만들어지는 종이기는 하지만 형광 돼지는 존재합니다.

 알겠습니다. 비오 변호사의 말처럼 형광 돼지는 존재하는 것 같군요. 하지만 형질 전환을 통해 해파리에서 나오는 녹색 형광 단백질을 얻은 형광 돼지라면 그 성질이 죽을 때까지 변함이 없을 것 같은데 피고에게서 형광 돼지를 사 간 손님들의 형광 돼지에는 어느 순간부터 형광이 보이지 않는다니 이상하군요. 형광 돼지는 존재하지만 피고가 판매했던 돼지들은 형광 돼지가 아닌 것이라 판단됩니다. 따라서 피고는 판매한 형광 돼지 값을 모두 환불해 주고 일반 돼지를 형광 돼지라

속이고 판 것에 대해 손님들에게 사과하기 바랍니다. 이상으로 재판을 마치겠습니다.

재판이 끝난 후, 해피하우스의 주인은 형광 돼지의 환불을 요구하는 모든 고객에게 환불을 해 주었다. 자칫 잘못하면 가짜 형광 돼지를 살 뻔했던 의아해 씨는 천만다행이라고 생각했다.

돌연변이

돌연변이는 어버이의 계통에는 없었던 새로운 형질이 유전자 또는 염색체의 변이로 인해 돌연히 자손에게 나타나 그것이 유전되는 현상을 말한다.

줄기세포와 노화 방지

과연 줄기세포가 노화를 막아 줄까요?

"예전처럼 아름다운 몸매를 원하십니까? 매일 아줌마 취급하는 남편이 원망스러웠습니까? 그러면 바꿔 보십시오. 저희 뷰티클리닉에서는 최첨단 과학 공법으로 여러분들의 사라져 가는 아름다움과 싱싱했던 젊음을 다시 찾아드립니다. 진시황도 저희 제품을 알았다면 진작 애용했을지도 모릅니다. 하하하!"

TV에서 한창 홈쇼핑 광고가 흘러나오고 있었다. 나태해 주부는 심드렁하게 소파에 누워 리모콘을 이리저리 돌리다가 눈이 번쩍 뜨였다.

'도대체 무슨 제품이기에 진시황도 울고 간대?'

"최근 개발된 젊음의 줄기세포는 여러분들의 노화되는 피부와 조직 활동에 활력을 주어 최소 10년은 젊어 보이게 할 자신이 있습니다."

"근데 정말 가능한가요?"

"네, 물론입니다. 저희 뷰티클리닉은 탄탄한 기술력을 바탕으로 줄기세포를 개발해 최근 국제학회에서도 극찬을 받고 인증을 받았습니다. 이 세포 주사 몇 방이면 고객님들은 가정에서나 직장에서 부러움의 대상이 되실 수 있습니다. 이 젊음이라는 것이 한 번 지나면 끝이라는 점에서 인생에서 너무나 가치 있는 것이었고 그 가치에 저희 회사가 도전해 보고자 합니다. 여러분, 젊음을 되찾아 활력이 넘치는 새 인생을 살아 보시지 않으시겠습니까?"

꼼짝도 하지 않고 광고를 보고 있던 나태해 주부는 뭔가 결심한 듯 눈을 번뜩이며 전화기를 집어 들었다.

'그래, 나도 남편과 친구들에게 떳떳해지겠어. 나 자신을 다시 찾는 거야!'

그녀는 당장 TV 화면에 떠 있는 전화번호로 전화를 걸었다.

"저기, 광고 보고 전화했는데요. 정말 주사를 맞으면 젊어지는 건가요?"

"그건 손님의 재량에 달려 있다고 할 수 있지요. 주사뿐만 아니라 운동과 식이요법을 병행해야 하며 저희 클리닉의 시술을 받으셔야 제대로 효과를 보실 수 있습니다."

"어쨌든 젊어지는 건 맞지요?"

애매한 직원의 대답이 영 시원찮았는지 나태해 주부는 한 번 더 재촉했다.

"네네, 노화 방지와 조직 생성이 빨라지지요. 저희 클리닉에 찾아오십시오."

나태해 주부는 그날 바로 뷰티클리닉에 갔다.

"음, 일단 고객님은 연령대가 좀 높아서 시술비도 많이 들고 효과를 보려면 시간도 제법 걸릴 거 같은데요."

"돈이든 뭐든 아무 걱정 마시고 해 주세요. 젊음을 되찾는데 돈이 문제인가요?"

"네, 고객님이 그러시다면 물론 해 드려야죠. 그럼 당장 내일부터 약물 투여와 식이요법을 시작하지요."

그렇게 나태해 주부는 약 한 달에 걸친 주사 투여와 시술을 열심히 받았다. 그러나 뷰티클리닉에서 강조하던 줄기세포에 대해 나태해 주부는 점점 의심을 가지기 시작했다.

'이거 매일같이 주사 맞고 맛도 없는 밥 먹으며 지내는데 왜 효과가 없는 거지?'

아무리 거울을 보고 돋보기로 봐도 검버섯이 피어나는 그녀의 피부에는 호전의 기미가 보이지 않았다. 하지만 첫날 뷰티클리닉에서 연령대가 높아서 시간이 좀 걸릴 거라고 한 말이 생각나 아직 따지지는 못했다. 클리닉 직원들은 오히려 나태해 주부의 피부가 몰라보게 좋아졌다며 호들갑을 떨었다.

"어머, 고객님! 많이 좋아지신 것 같네요."

"흰머리도 많이 줄었어요."

"생기가 확 도는 게 피부가 탱탱해지셨어요."

'정말 좋아진 건가? 아무래도 여긴 못 믿겠어.'

그녀는 결국 다른 저명한 피부과 의사인 진실해 씨를 찾아가 의뢰를 했다.

"음, 작년에 정밀 검사했던 피부 조직과 별 다른 변화는 모르겠고요. 오히려 노화가 더 진행된 듯하네요."

"네? 클리닉에선 많이 좋아졌다고 하던데요."

"아무래도 거기서 선전하는 줄기세포에 대해 정확하게는 모르겠지만 학회에서 인증도 못 받은 걸로 알고 있거든요. 지금이라도 멈추시는 게 좋겠습니다."

"어머머, 믿을 수 없어요. 어쨌든 다시 한 번 가서 물어봐야겠군요."

나태해 주부는 홈쇼핑에 출연했던 뷰티클리닉 원장을 직접 찾아갔다.

"제가 주사를 맞은 지가 어언 한 달이 넘었고 열심히 식이요법도 했는데 왜 전혀 나아지지가 않죠? 다른 곳에 갔더니 오히려 노화가 진행되고 있다고 하던데요."

그녀는 격앙된 목소리로 말했다.

"고객님, 진정하시고 고객님의 기록을 보니 연령대가 있으셔서 좀 많은 기일이 걸릴 것 같습니다. 노화는 시술 중에도 진행되는 것이라 어쩔 수 없는 것 같고 이것도 시간이 더 지나면 차차 나아지실 겁니다. 그리고 제가 보기엔 많이 좋아지셨는데요, 뭘!"

아무리 말하고 따져도 돌아오는 대답은 같았다. '무조건 기다려라. 나이가 많아 그런 거니 참아라' 하는 식의 책임전가는 그녀를 짜증나게 만들었다.

'이거 완전 사기 아냐? 이런 식으로 그 비싼 주사를 얼마나 놓으려고! 가정주부라고 완전 우습게 본다 이거지?'

그녀는 참지 못하고 며칠 후 생물법정에 의뢰를 요청했다.

우리 몸을 구성하는 모든 세포나 조직의 근간이 되는 줄기세포는
자가 재생산과 다분화 능력을 가진 세포입니다.
그중 모든 세포로 분화할 수 있는 능력을 가진 것은 배아 줄기세포랍니다.

줄기세포가
노화를 방지해 줄까요?
생물법정에서 알아봅시다.

 재판을 시작합니다. 피고 측 먼저 변론하

십시오.

 원고는 피고의 클리닉에서 줄기세포를 이

용한 노화 방지 프로그램을 받고 있었습니다. 그런데 한 달밖

에 지나지 않았는데 왜 효과가 나타나지 않느냐며 프로그램

을 의심하기 시작했습니다. 한 달 만에 그 효과가 눈에 드러

날 정도로 표 나게 나타날 수 있습니까? 적어도 세 달은 넘게

꾸준히 지켜봐야 알 수 있는 것 아니겠어요? 참을성도 없으

시지.

 다른 피부과에서 피부 조직 검사를 받았을 때 오히려 노화가

더 진행되었다고 했는데 그것은 어떻게 설명할 수 있습니까?

 서서히 노화가 방지되는 거니까 그 사이에 노화는 계속 진행

되는 게 당연하잖아요?

 예, 알겠습니다. 원고 측 변론해 주십시오.

 줄기세포에 대해 알아보기 위해 생물학 박사이신 연구척척

씨를 증인으로 요청합니다.

 증인 요청을 받아들입니다.

　조금 전까지도 연구를 하다가 온 듯한 꼬질꼬질한
차림의 증인이 나와 증인석에 앉았다.

 줄기세포는 무엇입니까?

 줄기세포란 우리 몸을 구성하는 모든 세포나 조직의 근간이
되는 세포로서 몇 번이나 반복하여 분열할 수 있는 자가 재생
산과 여러 조직으로 분화할 수 있는 다분화 능력을 가진 세포
로 정의되고 있습니다. 줄기세포에는 인간 배아를 이용해 만
들 수 있는 배아 줄기세포와 혈구세포를 끊임없이 만드는 골
수세포와 같은 성체 줄기세포가 있습니다. 줄기세포 중에서
도 모든 세포로 분화할 수 있는 능력을 가지고 있는 것은 배
아 줄기세포이며, 각 조직의 줄기세포는 이미 특정 조직으로
운명 지어져 있습니다. 줄기세포에는 수정란이 첫 분열을 시
작할 때 형성되는 전능 줄기세포와 이 세포들이 계속 분열해
만들어진 포배 내막에 있는 배아 줄기세포, 그리고 성숙한 조
직과 기관 속에 들어 있는 다기능 줄기세포가 있습니다.

 그들의 역할과 기능에 대해 설명해 주시겠습니까?

 먼저 배아 줄기세포에 대해 설명하겠습니다. 배아는 정자와
난자가 만나 결합된 수정란을 말하며 일반적으로 수정된 후
조직과 기관으로 분화가 마무리되는 8주까지의 단계를 가리
킵니다. 배아 줄기세포는 착상 직전 배반 포기 배아나 임신

8~12주 사이에 유산된 태아에서 추출할 수 있습니다. 배아 줄기세포는 분열은 활발하지만 아직 분화하지 않은 세포이며 이론적으로 인체를 구성하는 모든 세포로 분화가 가능합니다.

 그렇군요.

 배아와 달리 성체에 존재하는 줄기세포가 성체 줄기세포입니다. 이들은 조혈모세포가 혈액을 만들어 내듯 조직·기관에 따라 제각각 따로 나누어져 있습니다. 성체 줄기세포는 위치한 곳에서 그 유사한 조직만을 복제한다고 했지만 최근에는 신경 줄기세포에서 혈구를 만들고 조혈모세포에서 뉴런을 만드는 등 성체 줄기세포에서 전능성을 보여 주는 실험 결과가 많이 나오고 있습니다. 또한 최근 골수세포나 아기가 출생할 때 탯줄에 존재하는 제대혈, 체지방 세포 등이 신경이나 근육과 같은 세포로도 분화할 수 있다는 사실이 알려지면서 성체 줄기세포를 이용하여 다양한 질병을 치료할 가능성도 밝혀지고 있습니다.

 잘 알겠습니다.

 그럼 판결합니다. 줄기세포가 여러 가지 질병을 치료할 수 있다는 것은 입증이 되었지만, 아직까지 확실하게 노화를 막아 준다는 연구 결과는 보고된 바 없으므로 이번 홈쇼핑 광고는 과학적 근거가 부족하다고 결론 내립니다. 이상으로 재판을

마치겠습니다.

재판이 끝난 후, 홈쇼핑에서는 줄기세포를 이용하여 노화를 막아 준다는 것이 과장 광고였다는 사과문을 방송했다. 나태해 주부는 더 이상 주사에 의존하지 않고 운동을 열심히 하면서 건강한 몸을 만들기로 결심했다.

줄기세포

줄기세포는 여러 종류의 신체 조직으로 분화할 수 있는 능력을 가진 세포를 말하며 미분화세포라고도 부른다. 줄기세포는 미분화 상태에서 적절한 조건을 맞춰 주면 다양한 조직 세포로 분화할 수 있으므로 손상된 조직을 재생하는 등의 치료에 응용될 것으로 과학자들은 생각하고 있다.

유전자 조작 콩

왜 유전자 조작 식품을 먹으면 인체에 해로울까요?

깐깐해 여사는 이름만큼이나 깐깐하기로 소문난 사람이다. 늘 그냥 넘어가는 법이 없고 자신의 주관을 세우고 일을 추진한다. 그런 그녀이기에 식품을 고르는 데도 꼭 유기농이나 친환경 식품만을 고집한다. 물론 가족의 먹을거리이기에 그렇기도 하지만 유통 과정을 믿을 수 있다는 그녀만의 철칙이 있었기 때문이다.

그날도 그녀는 아이들의 다음 날 도시락 반찬을 사기 위해 단골 할인 마트에 갔다.

'뭘 사야 할지 모르겠네. 애들이 편식만 하지 않으면 정말 많이

싸줄 텐데…….'

이런저런 생각을 하며 마트 안으로 들어섰다. 평일임에도 시장 보러 온 주부들이 많아 마트 안이 북적거렸다. 이리저리 둘러보던 깐깐해 여사는 '한 개 더' 이벤트를 하고 있는 통조림 코너를 보게 되었다.

'괜찮은 통조림도 한 개 더 주는 건가?'

그때 그녀는 콩 통조림을 보게 되었다. 가격도 그리 비싸지 않으면서 평소 그녀가 좋아하는 유기농 전문 업체의 것이라 관심을 가지게 되었다. 그래서 그녀는 전혀 의심 없이 콩 통조림을 사서 카트에 실었다. 물론 한 개 더 이벤트라 더욱 즐거운 쇼핑 시간이었다. 집에 돌아와 통조림 뚜껑을 따던 중 이상한 문구를 보게 되었다.

저희 키메라 콩조림은 뛰어난 유전자를 추출하여 만들어 낸 차세대 유기농 제품입니다. ISO9000인증은 물론 소비자상을 수상했으므로 소비자 여러분들은 안심하고 드실 수 있습니다.

평소 줄기세포나 복제에 부정적인 견해를 가지고 깐깐하게 굴던 깐깐해 여사는 경악을 금치 못했다.

'그럼 이게 자연 그대로의 재료가 아니라 사람이 만들어 낸 거란 말이야? 이거 도대체 뭘 믿고 만든 거지? 어떻게 인공 식품을

버섯이 유기농으로 팔고 있는 거지?'

그녀는 괜히 화가 났다. 평소 소비자를 최고로 생각하고 노력하는 기업이라고 생각했는데 왠지 뒤통수를 맞은 느낌이었다.

'알고 보니 평소 이미지만 좋게 관리하고 이런 식으로 소비자를 우롱하는 비열한 장사꾼이었군. 내가 그냥 넘어갈 깐깐해가 아니지. 어디 한번 해보자고!'

그녀는 당장 수화기를 들고 통조림을 만든 회사에 연락을 했다.

"여보세요?"

젊은 남자가 친절하게 전화를 받았다.

"네, 다름이 아니라 제가 최근에 나온 제품인 키메라 콩조림을 샀거든요."

"아, 저희가 두 달 전부터 출시한 제품을 말씀하시는 거군요. 맞습니다."

"근데 통조림 뒷면에 있는 안내 문구를 보니까 이게 재배한 콩이 아니라 유전자를 조작하여 만든 거라고 적혀 있는데요?"

"네, 저희가 거액의 연구비를 들여 유전자 추출에 성공을 했습니다. 앞으로도 계속 우성인자 식물을 개발할 것이고 제품들이 출시될 전망입니다. 근데 고객님, 무슨 일 때문에 전화를 주신 건지 말씀해 주시겠어요?"

친절하게 응하는 직원에게 깐깐해 씨는 정색을 하고 말했다.

"바로 그게 문제라고요. 유전자 조작 식품이라니! 사람이 먹는

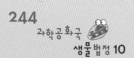

것에 무슨 일이 생길 줄 알고 그런 짓을 하냐고요!"

"고객님, 그 제품은 이미 식약청에 검사를 받아 허가도 받았고 아시다시피 소비자상도 수상한 경력이 있는 것으로 믿고 드셔도 됩니다. 제가 이 자리를 걸고 약속드릴 수 있어요."

직원이 뭐라 하건 말건 이미 깐깐해 씨 귀에는 아무 소리도 들어오지 않았다. 오로지 사람이 직접 재배한 것이 아니면 믿을 수 없다는 태도였다.

"만약에 이 제품을 먹고 병이 나거나 하면 어떻게 하실 거죠?"

"고객님, 제가 좀 전에 설명을 드렸지 않습니까? 식약청에 허가를 받은 것이라 아무 문제없다니까요. 정 못 믿으시겠다면 실험 결과를 자택에 보내드릴 수도 있고요."

직원도 왠지 못마땅하다는 말투로 변해 가고 있었다.

"그런 실험 결과를 우리 같은 일반인이 어떻게 본다고 그걸 보내요? 그건 됐고요. 아무래도 좀 높은 사람에게 다시 말을 해 봐야겠네요. 상관 좀 불러 주세요."

"고객님, 현재 제가 여기 부서에서 제일 상관입니다. 그리고 막무가내로 이러시면 정말 곤란합니다. 저희 회사 때문에 불이익이라도 당하셨는지요?"

"그런 건 아니고요. 제가 이런 사소한 일도 부당한 일이라면 못 넘어가는 성격이라서 말이죠."

"고객님, 몇 번이나 말해야 됩니까? 부당한 일이 아니라니까요."

식품 업체 직원도 화가 나는지 언성이 높아졌다. 그러나 곧 '이러다가 사태가 더 심각해지겠다' 싶어 목소리를 낮추고 진정한 뒤 말했다.

"저희는 그런 식품은 절대 팔지 않는 회사이니 걱정 마시고 만약 콩조림을 드시고 해를 입으신다면 피해 보상을 해 드리지요."

그러고는 통화가 끊겼다. 깐깐해 여사는 직원의 무성의한 태도도 그렇지만 그래도 뭔가 석연치 않았다. 콩조림을 보고 있자니 왠지 못 먹을 음식 같고 독극물 같다는 생각이 들었다. 유전자 조작 식품이란 걸 몰랐다면 아무 생각 없이 아이에게 그걸 먹였을 거라 생각하니 몸서리가 쳐지기까지 했다. 이런 일은 그냥 못 넘어가는 성격인 깐깐해 씨는 아무래도 회사에 계속 전화해 봤자 더 이상 해결책이 나오지 않을 것 같아 결국 결심을 내렸다.

'내가 하지 않는다면 제2, 제3의 피해자가 계속 생길 것이다. 이미지만 관리하고 상술을 악용하는 회사를 제재하는 방법은 하나밖에 없다. 생물법정에 의뢰하여 진실을 밝히고 주부들의 저력을 보여 주겠어!'

유전자 조작이란 한 종으로부터 유전자를 얻은 후에
이를 다른 종에 삽입하는 기술을 말합니다. 이렇게 새롭게 만들어진
생명체를 GMO, 즉 유전자 조작 생물체라고 합니다.

여기는 생물법정

유전자 조작 콩,
안심하고 먹을 수 있을까요?
생물법정에서 알아봅시다.

 재판을 시작합니다. 피고 측 먼저 변론하
세요.

 피고의 회사에서는 최근 두 달 전 유전자
조작을 통해 콩을 만들었습니다. 이는 거액을 들여 성공한 것
이며 식약청으로부터 판매 허가를 받은 안전한 식품입니다.
소비자상까지 받은 적이 있는 안전한 제품이라고 원고에게
몇 번이나 말했는데 원고는 듣지를 않았지요. 먹을 수 없는
음식을 파는데 허락을 내려 줄 식약청이 아니지 않습니까?
안심하고 먹을 수 있어요. 다른 사람들은 군소리 없이 사 먹
는데 왜 원고만 난리인지 모르겠군요.

 난리라니요! 생치 변호사는 단어 선택에 주의를 기울이십시오.

 흠흠, 아무튼 안전한 제품이란 말입니다. 믿으시라고요!

 예, 알겠습니다. 원고 측 변론하세요.

 유전자 조작 생물체에 대해 얘기를 들어 보기 위해 과학공화
국 유전학 연구소 소장이신 만들어볼까 씨를 증인으로 요청
합니다.

호기심 어린 눈빛으로 여기저기를 두리번거리며 증
인이 나와 증인석에 앉았다.

 증인, 유전자 조작 생물체란 무엇입니까?

 유전공학 또는 유전자조작(Genetic Engineering)이란 한 종으
로부터 유전자를 얻은 후에 이를 다른 종에 삽입하는 기술을
말합니다. 예를 들어 물고기의 유전자를 토마토에 삽입하거
나 하는 것이지요. 이와 같은 방식으로 새롭게 만들어진 생명
체를 GMO(Genetically Modified Organisms), 즉 유전자 조작 생
물체라고 부릅니다. 유전자 조작이 벼나 감자, 옥수수, 콩 등
의 농작물에 행해지면 유전자 조작 농작물이라 부르고, 이 농
산물을 가공하면 유전자 조작 식품이라고 합니다.

 원고가 구매했던 콩은 유전자 조작 식품이군요?

 그렇습니다.

 유전자 조작 식품이 인체에 끼치는 영향은 어떠합니까?

 현재까지 제기되고 있는 GMO의 인체 유해성은 네 가지 정
도가 있습니다. 첫째는 한 유전자가 다른 종에 도입되는 경우
새로운 물질이 생산되므로 독성을 나타내거나 알레르기 반응
이 일어날 가능성이 높아진다는 것입니다. 두 번째로는 항생
제 내성 표시 유전자가 장내 박테리아와 병원균에 확산되면
서 인체 내 항생제 내성이 증대된다는 거죠. 세 번째는 수평

적 유전자 이전과 재조합에 의해 다양한 병원균 사이에 병독
성이 확산됨과 동시에 새로운 병원성 박테리아와 바이러스가
창출될 가능성이 높습니다. 네 번째는 세포 감염으로 인해 질
병 바이러스를 재활성화시키거나, 운반체(벡터) 자체가 세포
내로 들어가서 치명적인 효과, 예를 들면 암 같은 병을 야기
할 수 있다는 것입니다.

 유전자 조작 식품이 인체에 끼치는 유해성은 대단하군요. 그
런 유해한 것들을 왜 시중에서 판매하게 허락하는 거죠?

 전 세계적으로 GMO에 대한 소비자와 농민들의 우려가 높아
지면서 반대의 목소리가 점차 거세지고 있습니다. 그에 따라
세계적인 식품 회사들과 유통 업체들은 점차 GMO를 사용하
지 않겠다고 선언하고 있는 추세이며, 각국 정부에서도 GMO
의무 표시제를 포함한 강력한 규제 제도를 수립하고 있습니다.

 세계적으로 GMO 사용에 대해 반대를 하고 있는 추세군요.
증언 감사합니다. 판사님, 증인의 증언을 통해 피고가 판매하
고 있는 유전자 조작 식품은 인체에 유해하다는 것을 알았습
니다. 평소 식품을 선택함에 있어서 깐깐함을 자랑하던 원고
가 피고가 파는 유전자 조작 식품에 거리낌을 가진 것은 당연
하다고 생각합니다. 그런데다 원고의 생각대로 유전자 조작
식품은 유해성이 많은 식품이었죠. 따라서 다른 많은 사람들
이 유전자 조작 식품의 유해성에 대해서 알 수 있도록 GMO

에 대한 정보를 사람들이 많이 볼 수 있는 게시판이나 신문에 게시할 수 있도록 할 것을 요청합니다.

판결합니다. 식약청의 허가를 받은 식품이라 안전하다고 말한 피고 측의 말과는 달리 유전자 조작 식품에는 인체 유해 가능성이 많이 있습니다. 따라서 많은 사람들이 유전자 조작 식품에 대해 알 수 있게 정보를 게시하는 것에 대해 찬성합니다. 게시판에 글을 게시하는 것은 정보를 알려주기 위함이니, 그 후 유전자 조작 식품을 구매하고 안 하고는 개인의 선택 사항이겠지요. 그러나 아무런 정보 없이 구매를 하는 것은 옳지 않다고 봅니다. 유전자 조작 식품을 판매하는 회사 측에서는 유전자 조작 식품을 이용했을 시에 생기는 유해성에 대해 미리 알려주시기 바랍니다. 이상으로 재판을 마치겠습니다.

재판이 끝난 후, 다음 날 신문에 유전자 콩에 대한 모든 정보를 공개한 기사가 실렸다. 그 후 깐깐해 씨는 장을 보러 갈 때마다 통조림의 성분 표시 내용을 더욱더 유심히 확인했고 유전자 조작 식품은 절대로 사지 않았다.

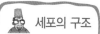
세포의 구조

세포는 원형질로 된 작은 상자 모양으로 핵을 가지고 있다. 핵은 주로 공 모양이지만 거대한 끈 모양 등 여러 가지 모양을 가진다. 핵의 크기도 물곰팡이의 핵처럼 지름 1마이크로미터 크기에서부터 소철에서 볼 수 있는 난세포의 핵과 같이 지름이 60마이크로미터인 것까지 있다. 핵 속의 염색사는 DNA로 되어 있는 유전자를 품고 있다.

나는 복제 고양이

동물 복제는 어디까지 가능할까요?

혼자야 씨는 소문난 애완동물 애호가이다. 특히
나 고양이에 대한 애정은 가히 자식 사랑을 능가할
정도이다. 그녀의 고양이 스위티는 페르시아산 순
종인데다 국내에 몇 마리 없을 정도로 가치가 높은 고양이라 그녀
는 늘 어깨에 힘을 주고 다닐 정도였다.

사연인즉슨 혼자야 씨는 사업가인 남편 덕분에 부유하게 살던
중 그만 몇 년 전 갑작스럽게 사별을 하게 되었다. 금실이 좋았던
부부라 그녀의 슬픔은 더욱 애절하고 절망적이기만 했다. 슬픔으
로 하루하루를 보내던 어느 날 혼자야 씨의 딸이 어머니의 슬픔을

달래 줄 묘안을 떠올렸다. 평소 강아지나 고양이를 보면 귀여워하시던 어머니를 떠올려 어머니에게 순종 고양이를 사드린 것이다.

"엄마, 혼자 계시면 심심하시니까 고양이 키우면서 말벗이나 하세요."

"아유, 이게 웬 고양이니? 너무 귀엽다."

"이게 페르시아산 순종이래요. 비싼 건 몇 천만 원도 하는 명품 동물이에요."

"어머, 왜 이렇게 비싼 걸 샀니? 그래도 도둑고양이랑 달리 많이 고급스러워 보이는구나."

혼자야 씨는 고양이 이름을 스위티라고 짓고 그날부터 놀이동무, 말동무로 삼았다.

물론 혼자야 씨가 말을 해도 알아듣지는 못했지만 스위티는 주인님을 기쁘게 하기 위해 고개를 끄덕이거나 갸웃거릴 때도 있었다.

"호호호, 그래서 내가 길을 가는데 그만 빙판길에 미끄러진 거야. 얼마나 창피했겠니?"

그녀는 다시 일상으로 돌아오는 듯했다. 그만큼 스위티의 존재는 단순한 애완동물을 넘어서서 그녀의 행복감을 되찾아 주는 치유제 역할을 한 것이다.

"미달아, 스위티 덕분에 내가 다시 사는 맛이 난다. 아주 귀여워 죽겠어. 지금도 놀아 달라고 옷을 물고 놔 주지를 않네."

"엄마가 이젠 좀 웃으시는 거 같네요. 스위티 구해 오길 잘했죠?"

"이런 재간둥이를 봤나, 너도 와서 좀 구경해."

"네, 시간 나면 집에 들를게요."

그렇게 그녀의 행복한 일상이 다시 시작되는 듯했다.

그러던 어느 날, 스위티가 갑자기 밥도 먹지 않고 활달하던 생활 패턴도 180도 바뀌어졌다. 놀아 달라고 칭얼대지도 않고 낑낑대는 소리만 내다가 병원에 데려가 보니 병에 걸려 얼마 살지 못할 거라고 했다.

"엉엉! 우리 스위티, 어쩌니! 불쌍해서 어쩌니!"

"사모님, 이제 마음의 준비를 하시는 게 좋을 듯합니다."

그렇게 스위티를 땅과 가슴에 묻고 다시 쓸쓸했던 예전의 생활로 돌아갈 걸 생각하니 눈앞이 깜깜해졌다.

"그래, 다시 그때로 돌아갈 순 없지. 뭔가 대책이 있을 거야."

그녀는 이리저리 수소문해 보다가 복제 동물을 만들어 준다는 한 연구 업체를 찾게 되었다.

"제 고양이가 얼마 전 죽었는데 혹시 다시 복제하여 만들 순 없을까요?"

클론엔터테인먼트의 대표 모방해 씨는 문제없다는 표정을 지으며 말했다.

"당연히 해 드려야죠. 저희 회사가 왜 엔터테인먼트인지 아십니까? 죽거나 피치 못할 사정으로 잃어버린 애완동물을 복제하여 똑같은 기쁨을 안겨 드리기 때문에 그렇습니다. 사모님에겐 정말 소중한 고양이였고 저희도 그걸 잘 알고 있기에 최선을 다해 정말 99% 유사한 고양이, 아니 스위티를 사모님 품에 안겨 드리겠습니다. 제가 장담하죠."

모방해 씨는 자신감에 넘쳤다.

"그럼 일단 한번 맡겨 보죠. 저희 스위티의 샘플은 여기 구해 왔습니다."

"네네, 두 달 안에 수정에 성공시킬 테니 스위티 밥그릇이나 잘 닦아 놓으시지요."

그렇게 복제 프로젝트는 시작됐고 두 달 후 정말 수정에 성공했다는 연락이 왔다.

"사모님, 이젠 걱정 끝 행복 시작입니다. 스위티 2호는 아마 3주 후에 태어날 겁니다. 이번엔 어린 스위티부터 보시겠군요. 하하하!"

"그렇담 다행이군요. 근데 걔가 어릴 땐 어땠는지 저는 잘 모르는데……."

"아무렴 어떻습니까? 오히려 더 잘됐지요. 조만간 제가 스위티 2호를 데리고 직접 방문하겠습니다."

"네, 부탁드려요."

내심 기대가 되는 혼자야 씨는 다시 스위티가 지내던 집과 밥그릇을 챙기며 새로운 스위티를 기다리게 되었다.

몇 주 후 한 연구원이 정말 스위티랑 똑같이 생긴 새끼 고양이를 데리고 왔다.

"사모님, 이 아이가 바로 스위티 2호입니다. 이젠 새로운 이름을 지어 줘야죠."

"아니요, 저는 스위티밖에 없어요. 애가 이젠 스위티랍니다."

그렇게 다시 같이 살게 된 혼자야 씨와 스위티에게 행복한 나날이 시작되는 듯했다. 그런데 이 인조 스위티는 뭔가 다른 습성을 지닌 듯했다.

'애는 아직 새끼라 그런지 소리도 잘 안 내고 활달하지도 않네. 내성적인가?'

예전 스위티의 복제품이라고 하기엔 성격이 너무나 달랐다. 이젠 주인의 얼굴을 알고 따를 만도 한데 슬금슬금 피하고 엎드려 누워 자기 일쑤였다. 이건 오히려 위로받기보다는 우울증 고양이를 위로하고 있는 입장이었다. 그러다 보니 혼자야 씨는 의심이 증폭되기 시작했다.

'이거 완전 짝퉁 아니야? 생긴 것만 같고 어떻게 이렇게 다르지? 역시 인조는 신뢰가 가지 않네.'

그녀는 결국 다시 클론 업체에 연락을 했고 직원과 통화할 수 있었다.

"사모님, 스위티랑은 잘 지내시죠?"

"잘 지내긴요, 애는 스위티가 아니에요."

"그게 무슨 말씀이신지요? 저희는 100% 스위티의 유전자로 탄

생시켰는걸요."

"그럼 어떻게 이렇게 다른 습성을 가지지요? 이럴 바엔 차라리 다른 고양이를 사는 게 낫겠군요. 당장 배상해 주세요."

"사모님, 그럴 순 없습니다. 정말 똑같은 고양이가 나올 수 없다는 건 계약서에도 명시되어 있지 않습니까? 외관만 충분히 같으면 저희가 배상해야 할 이유는 없는 거 같은데요."

직원은 쌀쌀맞게 전화를 획 끊어 버렸다.

'도저히 안 되겠다. 이대로 넘어갈 순 없지. 생물법정에 의뢰해 보자.'

생식세포 핵이식법은 수정란에서 핵을 분리한 후 미리 핵을 제거한 난자에 이식하는 방법이고, 체세포 복제법은 생명체의 몸을 구성하는 체세포를 떼어 내 공여핵 세포로 이용하는 방법입니다.

복제 고양이는
습성도 복제될까요?
생물법정에서 알아봅시다.

 재판을 시작합니다. 원고 측 변론하세요.

 피고는 원고에게 원고가 키우던 고양이의

샘플을 가져다주면 원고가 키우던 고양이

와 99% 이상 똑같은 고양이를 복제해 주겠다고 했습니다.

그런데 피고가 보내준 고양이는 겉모습만 똑같았지 예전 고

양이와 성격이 너무나 다른 고양이었습니다. 대체 99% 똑같

은 모습을 만들어 주겠다고 한 건 뭐란 말입니까? 피고는 원

고의 고양이를 복제한 게 아니라 비슷한 고양이를 가져온 것

뿐입니다. 당연히 환불해 줘야 한다고 생각합니다.

 피고 측 변론하세요.

 원고의 고양이를 복제했던 복제성공 씨를 증인으로 요청합

니다.

　복제한 고양이를 품에 안은 증인이 걸어 나와 증인

석에 앉았다.

 피고는 원고의 고양이를 복제한 것이 사실입니까?

그렇습니다. 원고가 준 고양이의 샘플로 동물 복제를 했습니다.

 동물 복제란 정확히 무엇을 말하는 것입니까?

 동물 복제란 유전 형질이 완전히 같은 또 다른 개체를 만들어 내는 것입니다. 동물 복제 방법은 생식세포 복제법과 체세포 복제법으로 구분할 수 있습니다. 생식세포 복제법은 수정란 분할법과 생식세포 핵이식법으로 나누어집니다.

 각각의 방법에는 어떤 차이점이 있나요?

 수정란 분할법은 수정란의 분할 과정에 있는 난세포(할구)를 분할하거나 분리하는 방법입니다. 수정란이 4세포기 또는 8 세포기 등으로 발육했을 때 예리한 도구를 이용해 물리적으로 2등분 혹은 4등분하거나, 수정란 속의 할구들을 효소를 이용해 화학적으로 분리한 뒤 이를 체외 배양해 정상적으로 발육했을 때 대리모에 이식하여 임신시키면 동일한 유전 형질을 지닌 동물이 태어납니다. 생식세포 핵이식법은 수정란에서 핵을 분리한 후 미리 핵을 제거한 난자에 이식하는 방법입니다. 체세포 복제법은 생명체의 몸을 구성하는 체세포를 떼어 내 이를 공여핵 세포로 이용하는 방법입니다. 이와 같은 체세포 복제는 정자와 난자가 결합하는 수정 과정 없이도 생명체를 탄생시킬 수 있지요.

 그렇군요. 우리가 잘 알고 있는 복제 양 돌리는 어떤 방법을

사용한 것인가요?

 돌리는 체세포 복제법을 통해 복제되었습니다. 1997년 영국의 윌머가 양의 유방세포에서 분리한 핵을 이용해 복제 양 돌리를 탄생시켰지요. 그 후 국내에서는 1999년 복제 젖소, 복제 한우를 만들었습니다. 체세포 복제법의 일반적인 과정은 생식세포 핵이식 방법과 같지만 공여핵 세포로 생식세포가 아닌 체세포에서 얻은 핵을 이용하는 점이 다릅니다.

 설명 감사합니다. 판사님, 복제 기술이 개발되기 전까지는 암수 생식세포 사이의 수정에 의해서만 정상적인 개체가 발생하는 것으로 알려져 있었습니다. 그러나 최근 세포 융합, 체세포 핵이식 기술이 발전하면서 생명체 복제가 본격적으로 이루어지게 되었지요. 그에 따라 원고와 같이 자신이 키우던 고양이를 비슷한 모습으로 복제할 수 있게 되었습니다. 그러나 동물 복제라는 것은 동일한 유전 형질을 지닌 동물이 태어나게 하는 것이지 복제하고자 한 동물의 습성이나 습관까지 함께 복제할 수는 없는 것입니다. 원고가 키우던 고양이와 다르다고 하는 것은 당연한 것이지요. 원고는 복제를 신청할 때 이를 알고 있었어야 합니다. 따라서 피고는 원고의 복제 고양이에 대한 환불을 해 줄 수 없습니다.

 판결합니다. 비오 변호사께서 말씀하셨듯이 동물 복제는 복제하고자 했던 동물의 유전 형질을 복제하는 것입니다. 원고

가 사랑했던 고양이와 습관이나 버릇까지 100% 닮은 복제 고양이를 만든다는 것은 애초에 불가능했던 것 같습니다. 따라서 그 책임을 피고에게 전가할 수는 없습니다. 그러나 피고는 원고에게 99% 거의 똑같은 고양이를 만들어 주겠다고 했고 복제에 대해 아무것도 몰랐던 원고는 그 말을 100% 믿었던 것 같습니다. 따라서 유전 형질만이 같다는 것을 미리 알려주지 않은 피고도 어느 정도의 잘못은 있다고 생각합니다. 피고는 원고가 지불한 돈의 30%를 환불하고 사과하시기 바랍니다. 이상으로 재판을 마치겠습니다.

재판이 끝난 후, 결국 스위티와 똑같은 고양이는 이 세상에 있을 수 없다는 것을 알게 된 혼자야 씨는 실망했다. 그러나 스위티와 성격이 다르다고 해서 스위티를 닮은 스위티 2호를 버릴 수 없었던 혼자야 씨는 결국 스위티 2호를 스위티와는 다른 고양이로 생각하고 예쁘게 키우기로 마음먹었다.

 체세포

체세포는 사람의 몸을 이루는 세포이다. 체세포는 유전자를 온전한 형태로 가지고 있다는 점에서 생식세포와 구별된다. 그러므로 생식세포를 제외한 모든 세포가 바로 체세포이다.

생명과학 그것이 궁금하다!

복제 동물, 게놈 프로젝트, 줄기세포⋯⋯. 이 모든 단어의 공통점은 무엇일까요?

네, 모두 '생명과학'이라는 단어로 묶을 수 있지요. 뉴스나 신문에서 새로운 생명과학 소식을 앞 다투어 전하고 있지요. 생명과학이란 무엇일까요? 생명과학은 생명의 본질을 밝히고 생명체들에게 나타나는 생명 현상을 풀어 가는 학문입니다. 말이 어렵나요? 쉽게 말해 생명이 어떻게 생겨났으며 어떻게 진화해 오늘날의 다양한 생명체로 발전해 왔는가를 살펴보는 것이죠. 생명과학에서 가장 중요한 점은 생명체의 모든 생명 현상을 분자 수준에서 분석하고 해석하려 한다는 것이에요.

생명체는 자신의 생명을 유지하기 위해 물질 대사, 에너지 대사, 발생, 생장, 반응, 항상성과 종족 유지를 위한 생식, 유전, 적응, 진화 등의 특성을 지니고 있어요. 그래서 생명과학은 이를 연구하여 그것을 인간의 생존을 위해 필수적으로 사용하고 인류 복지 향상을 위해 널리 활용하지요. 하지만 무엇보다도 생명과학에서 얻어진 여러 원리는 산업과 보건 등 여러 분야에서 큰 의미를 지닌답니다.

생명과학에는 어떤 것이 포함될까요?

생명과학에는 농학, 임학, 수산학, 의학, 약학, 수의학, 그리고 생명공학 등의 응용 분야가 있습니다. 굉장히 넓은 범위죠? 아무래도 '생명'을 다루어야 한다는 점에서 공통점이 있는 모든 학문을 이야기하다 보니 그런 것 같군요. 여기서 생명과학과 생명공학을 헷갈려하는 친구들이 있는데 구별해 보도록 합시다.

생명과학은 말 그대로 생명 현상을 풀어 나가는 '학문'이고 생명공학은 생명과학을 기반으로 생명체를 인위적으로 조작하는 '응용 분야'를 말합니다. 하지만 현재는 생명과학의 전체 분야를 기초적 학문과 이를 기반으로 새로운 기술의 개발을 목적으로 삼은 응용 분야를 모두 말하는 추세이지요.

그러나 생명과학이 무조건 좋다고는 말할 수 없답니다. 왜냐하면 '생명체'를 다루는 것이기 때문에 도덕적인 문제를 피해 갈 수 없거든요. 말할 수 없는 동물이라고 해서, 반응이 없는 식물이라고 해서 마구잡이로 연구 대상으로 쓰면 될까요? 그들도 우리와 같은 '생명체'인데 말이죠.

이렇게 해서 대두된 것이 '생명윤리'입니다. 생명체는 각자의 존엄성을 가지고 있고 이를 지켜주어야 한다는 것이죠. 만약 생명 윤리를 무시한다면 어떻게 될까요? 아마도 우리 사회에 나타나는 부작용이 어마어마할 것입니다. 따라서 생명체를 연구하되 생명 윤리를 지켜야 하는 범위 내에서라는 조건이 붙어야겠죠?

위대한 생물학자가 되세요

과학공화국 법정시리즈가 10부작으로 확대되면서 어떤 내용을 담을까를 많이 고민했습니다. 그리고 많은 초등학생들과 중고생 그리고 학부형들을 만나면서 서서히 어떤 방향으로 시리즈를 써야 할지가 생각이 났습니다.

처음 1권에서는 과학과 관련된 생활 속의 사건에 초점을 맞추었습니다. 하지만 권수가 늘어나면서 생활 속의 사건을 이제 초등학교와 중고등학교 교과서와 연계하여 실질적으로 아이들의 학습에 도움을 주는 것이 어떻겠냐는 권유를 받고, 전체적으로 주제를 설정하여 주제에 맞은 사건들을 찾아내 보았습니다. 그리고 주제에 맞춰 사건을 나열하면서 실질적으로 그 주제에 맞는 교육이 이루어질 수 있도록 하는 방향으로 집필해 보았지요.

그리하여, 초등학생에게 여러 맞는 생물학의 많은 주제를 선정해 보았습니다. 생물법정에서는 동물, 식물, 곤충, 인체, 자극과 반

응, 유전과 진화등 많은 주제를 각권에서 사건으로 엮어 교과서보다 재미있게 생물학을 배울 수 있게 하였습니다. 부족한 글 실력으로 이렇게 장편시리즈를 끌어오면서 독자들 못지않게 저도 많은 것을 배웠습니다. 그리고 항상 힘들었던 점은 어려운 과학적 내용을 어떻게 초등학생 중학생의 눈높이에 맞추는 가였습니다. 이 시리즈가 초등학생부터 읽을 수 있는 새로운 개념의 생물 책이 되기 위해 많은 노력을 기울여 봤지만 이제 독자들의 평가를 겸허하게 기다릴 차례가 된 것 같습니다.

한 가지 소원이 있다면 초등학생과 중학생들이 이 시리즈를 통해 생물학의 많은 개념을 정확하게 깨우쳐 미래의 노벨 생리 의학상 수상자가 많이 배출되는 것입니다. 그런 희망은 항상 지쳤을 때마다 제게 큰 힘을 주었던 것 같습니다.